Gonggong Jianzhu Jidian Xinxi Xitong
Jieneng Gaizao Jishu
——Ji'nan Aoti Zhongxin Jieneng Gaizao Gongcheng Shijian

公共建筑机电信息系统节能改造技术

——济南奥体中心节能改造工程实践

宋传增　张　辉　宋海洋　姜　昊 / 著

人民交通出版社股份有限公司
China Communications Press Co.,Ltd.

内 容 提 要

建筑能耗占我国社会总耗能较大比例，尤其是公共建筑耗能巨大，国务院适时提出公共建筑能效提升计划，目的在于减少公共建筑能耗，提高公共建筑耗能设备的能源综合利用效率。除采用维护结构节能措施外，机电信息系统节能是公共建筑节能的主要方面。

本书主要讲述公共建筑能效提升工程机电信息系统节能措施和取得的经验，以供管理者制订决策时参考，也可作为节能公司、工程技术人员、高校师生的参考书。

图书在版编目(CIP)数据

公共建筑机电信息系统节能改造技术 ：济南奥体中心节能改造工程实践 / 宋传增等著. — 北京 ：人民交通出版社股份有限公司，2019.5

ISBN 978-7-114-15136-1

Ⅰ. ①公… Ⅱ. ①宋… Ⅲ. ①公共建筑—机电系统—节能—设计 Ⅳ. ①TU242

中国版本图书馆 CIP 数据核字(2019)第 037694 号

书　　名：公共建筑机电信息系统节能改造技术——济南奥体中心节能改造工程实践
著 作 者：宋传增　张　辉　宋海洋　姜　昊
责任编辑：谢海龙
责任校对：赵媛媛
责任印制：张　凯
出版发行：人民交通出版社股份有限公司
地　　址：(100011)北京市朝阳区安定门外外馆斜街 3 号
网　　址：http://www.ccpress.com.cn
销售电话：(010)59757973
总 经 销：人民交通出版社股份有限公司发行部
经　　销：各地新华书店
印　　刷：北京虎彩文化传播有限公司
开　　本：787 × 1092　1/16
印　　张：8.25
字　　数：186 千
版　　次：2019 年 5 月　第 1 版
印　　次：2019 年 5 月　第 1 次印刷
书　　号：ISBN 978-7-114-15136-1
定　　价：36.00 元
(有印刷、装订质量问题的图书由本公司负责调换)

前　言

中国建筑节能协会能耗统计专委会于上海发布了《中国建筑能耗研究报告(2018)》(2018 年 11 月),报告显示,2016 年中国建筑能源消费总量为 8.99 亿吨标准煤,占全国能源消费总量的 20.6%;全国建筑总面积为 635 亿 m^2,城镇人均居住建筑面积为 34.9m^2;建筑碳排放总量为 19.6 亿吨 CO_2,占全国能源碳排放总量的 19.4%。以珠海兴业新能源产业园研发楼为例,净电力能耗强度和碳排放强度分别为 23.85kWh/m^2和 11.93kg CO_2/m^2,只有广东省 2017 年大型公共建筑能耗公示数据平均值的 24%,表明公共建筑具有很大的节能潜力。2016 年北方采暖地区年人均建筑碳排放平均值是 2.66t,是非采暖地区人均碳排放值的两倍。公共建筑能耗主要是供暖、空调、照明、电梯、热水供应、炊事、办公电器等方面的能耗。其中采暖、空调和照明能耗占 70% 以上,因此公共建筑节能的重点是采暖、空调和照明等机电设备的节能。节能监测平台对组织重点耗能能源审计和监控有重要作用。

为了节能减排,我国出台了《中华人民共和国节约能源法》,国务院印发《"十三五"节能减排综合工作方案》和《国务院办公厅关于加强节能标准化工作的意见》(国办发〔2015〕16 号),新建公共建筑全面执行《公共建筑节能设计标准》(GB 50189—2015)。住房和城乡建设部和银监会联合发布《关于深化公共建筑能效提升重点城市建设有关工作的通知》(建办科函〔2017〕409 号),各省市自治区也发布了公共建筑节能的文件,如山东省政府发布《山东省民用建筑节能条例》,山东省住建厅发布《山东省公共建筑能效提升重点城市示范项目管理办法》(鲁建节科字〔2018〕18 号),济南市政府发布《济南市公共建筑能效提升项目实施方案》(2019 年 3 月 1 日)。政府的强力决策产生了良好的效果,《中国建筑能耗研究报告(2018)》显示,我国公共建筑碳排放 2012 年达到了峰值,2016 年比峰值下降 13.5%。随着公共建筑能效提升计划的深入推进,政府财政支持力度进一步加大,公共建筑能耗会进一步降低,环境会变得更加美好。

本书是公共建筑机电信息系统节能改造技术专著,全书共分 8 章,根据前人统计报告、研究报告和论文文献，结合济南市奥体中心实际节能改造工程数据，列出了大量的图表，总结了这类建筑节能改造的经验，以供有关人员和专业同仁参考。该书从公共建筑节能概念、建筑能耗形势、建筑节能途经、建筑节能检测平台等方面介绍了公共建筑节能的基本情况和既有大型公共建筑能耗特点，分析了国内外公共建筑节能改造现状和特点，研究了供配电、照明及监控系统、暖通、空调等公共建筑节机电设备耗能诊断方法，详细阐述了公共建筑机电设备节能改造技术、改造方案、改造施工过程和改造效果，详细介绍了济南奥体中心改造方案、实施过程、运维经验和良好的效果。

本书由山东建筑大学宋传增教授、济南奥林匹克体育中心张辉高级工程师、日本法政大学宋海洋和山东建筑大学姜昊合著，山东建筑大学王冲硕士统稿，张辉主要负责济南市奥体中心节能改造工程案例撰写，宋海洋和姜昊主要负责中外公共建筑节能改造现状和全书暖通空调节能技术研究，宋传增教授对全书统审。山东省博物馆谌娟硕士负责节能量计算，山东建筑大学贝太学博士和孔祥安副教授负责照明系统节能技术研究，山东省建设科技与产业化中心有限公司赵鹏、济南市工程咨询院杨振静负责空调系统节能改造技术研究，山东建筑大学耿军核算了建造成本，济南市市政设计院褚浩和张朔、中交第一公路工程局路桥华祥国际工程有限公司王卫东高级工程师、济南市公共交通总公司李延娜工程师、山东协和学院赵彦彦讲师负责全书的图表绘制和文字校验。济南明湖建筑节能技术开发有限公司提供了部分研究经费，在撰写过程中也参考了国内外同仁的统计报告、研究报告和论文文献，再次一并郑重感谢！

由于作者水平有限，案例节能检测数据时间只有三年，难免书中有错误和疏漏，恳请读者多提宝贵意见，批评指正。

作　者

2019 年 3 月

目　　录

第1章　公共建筑节能 …… 1
1.1　建筑节能简介 …… 1
1.2　公共建筑节能简介 …… 11
第2章　国内外公共建筑节能改造现状 …… 28
2.1　建筑节能基本概念 …… 28
2.2　国外节能改造现状 …… 29
2.3　国内节能改造现状 …… 34
第3章　公共建筑节能诊断方法 …… 37
3.1　围护结构热工性能 …… 37
3.2　采暖通风及生活热水系统 …… 39
3.3　供配电、照明及监控系统 …… 46
第4章　公共建筑节能改造技术 …… 53
4.1　围护结构热工性能改造 …… 53
4.2　采暖通风及生活热水系统 …… 55
4.3　供配电、照明及监控系统改造技术 …… 75
第5章　济南奥体中心能耗现状与旧设备使用情况 …… 78
5.1　济南奥体中心节能改造项目 …… 78
5.2　能耗现状分析 …… 78
5.3　奥体中心主要旧设备使用情况 …… 80
第6章　济南奥体中心改造方案 …… 84
6.1　照明系统节能改造 …… 84
6.2　空调系统节能改造 …… 89
6.3　供暖系统节能改造 …… 91
6.4　能耗监测及计量系统 …… 92
6.5　智能照明控制系统节能改造 …… 93
6.6　太阳能热水系统 …… 94

第 7 章　济南奥体中心节能改造施工过程 …… 96
7.1　照明系统 …… 96
7.2　空调供暖系统 …… 97
7.3　能耗监测及计量系统 …… 99
第 8 章　济南奥体中心节能改造效果 …… 101
8.1　项目基本情况 …… 101
8.2　各系统改造后节能效益分析 …… 101
8.3　改造建设完成后各系统实现的效果 …… 106
8.4　项目改造报告 …… 107
附录 A　“十三五”节能减排目标 …… 111
附录 B　公共建筑节能改造政策及通知 …… 119
参考文献 …… 120

第1章　公共建筑节能

1.1　建筑节能简介

1.1.1　建筑能耗形势

建筑是人们用土、石、木、钢、玻璃、芦苇、塑料、冰块等一切可以利用的材料，建造的构筑物，按使用功能分类可分为居住建筑、公共建筑、工业建筑和农业建筑四类。建筑能耗是民用建筑（包括居住建筑和公共建筑以及服务业）使用工程中的能耗，主要包括采暖、空调、通风、热水供应、照明、炊事、各类电器、电梯等方面的能耗。

自工业革命以来，人类生产生活的能耗量迅速增加，近半个世纪以来，很多发达国家为了发展经济，曾经没有节制地使用能源，不但造成了巨大的能源浪费，而且使世界经济遭到沉重打击，地球环境也遭到了巨大的破坏，并呈现加剧演变的趋势。无论是对于发达国家还是发展中国家，能源问题都是一个关乎自身环境发展和社会发展的问题。能源危机的出现，使得各个国家均意识到能源对于一个国家的稳定尤为重要。能耗问题成为每个国家都必须重视且不可忽略的话题，社会的总能耗是由工业能耗、建筑能耗和交通能耗组成。据统计，建筑能耗占到社会总能耗的30%～40%，在当今资源短缺，环境污染严重及全球变暖的时代背景下，如此巨大的建筑用能必定会对环境造成更严重的损害，开展建筑节能工作关系到社会进步与经济发展。

自1973年石油危机首次提出建筑节能概念以来，很多专家和学者认识到建筑节能工作的重要性，提出了建筑可持续发展理论，并呼吁提高环境与资源的重要性，这使得建筑节能得到世界各国的重视，从此建筑节能在全世界蓬勃兴起，并引领了建筑行业的潮流。在过去的40多年里，建筑节能的意义经历了由浅到深，由简单到复杂的过程，起初人们认为建筑节能的意义在于减少建筑能源（Energy Saving），后来发展为减少建筑能量散失（Energy Conservation），直至发展到今天的提高建筑能耗效率（Energy Efficiency）。

我国的建筑能耗比较大，自20世纪90年代，很多建筑学家投入了对建筑节能理论和方法的研究，并在建筑节能措施方面进行了不懈的探索。虽然我国已意识到建筑节能形势比较严峻，建立了建筑节能体系，提出了建筑节能财政政策与经济激励政策，努力完善建筑节能标准与规范，但是由于我国建筑数量庞大，且地域性差异比较明显，建筑节能工作进展十分缓慢，遇到了很大的困难与挑战。因此，对我国建筑节能工作进行研究分析，发现在建筑节能设计、政策和推广过程中存在的问题，尤其是对我国不同地域的建筑能耗占比进行分析，因地制宜地提出有助于实现建筑节能的措施与对策，切实地推进建筑节能工作的进步在我国具有很重要的现实意义。表1-1为我国2015年建筑能耗形势。

中国 2015 年建筑能耗形势　　表 1-1

用能类型	宏观参数(面积/户数)	电(亿 kW·h)	总商品能耗(亿 tce)	能耗强度
北方城镇供暖	132 亿 m^2	282	1.91	14.5kgce/m^2
城镇住宅(不含北方地区供暖)	129 亿 m^2	4300	1.99	732kgce/户
公共建筑(不含北方地区供暖)	116 亿 m^2	6507	2.60	22.5kgce/m^2
农村住宅	238 亿 m^2	2060	2.13	1346kgce/户
总计	573 亿 m^2	12969	8.58	623kgce/人

资料来源:中国建筑节能年度发展报告 2018。

基于已有研究,考虑建筑用能的各终端用能项的能耗产生原因,认为影响建筑能耗的因素主要包括气候条件、围护结构性能、设备性能及效率、服务水平、运行管理方式和使用行为(图 1-1)。在这些因素的共同作用下,建筑业消耗了来自能源生产端提供的各类能源。分析影响因素的作用主体,气候条件为自然客观因素,而其他五项均是人可以参与改变的因素,因此,面对如此严峻的能源消耗形式,通过后五项的优化及提升,可最大程度地改善建筑能耗现状。

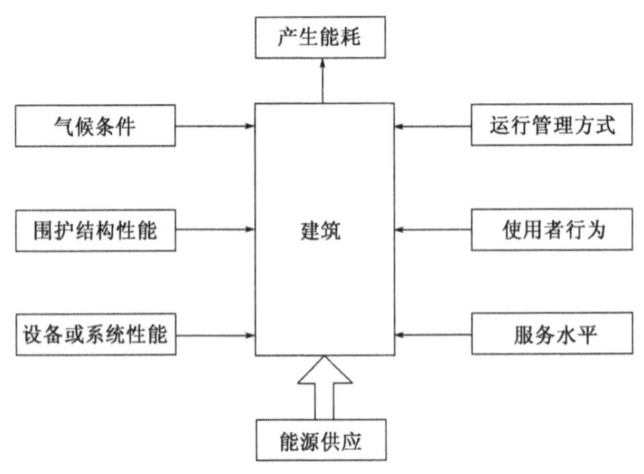

图 1-1　建筑能耗影响因素

截至 2017 年底,世界的主要能源仍然是以不可再生能源(石油、天然气、煤炭)为主,尽管各个国家都在加大经济投入研发可再生及对环境无污染或污染小的能源,但这还需要很长的一段路要走。表 1-2 为 2017 年世界主要国家的能耗量。中国的石油消耗量和煤炭消耗量均处在世界前列,中国煤炭的消耗量占到世界消耗总量的 50% 以上。从历年统计数据可知,我国的建筑能耗占到社会总能耗的 46.7%,远远超过世界 30% 的平均水平,更造成了近 1/3 的 CO_2 的排放量,值得一提的是,在建筑能耗的分类中,相对于居住建筑,公共建筑特别是大型公共建筑具有能耗高的特点,一般为普通住宅建筑能耗的 5 ~ 10 倍,年耗电量平均在 80 ~ 300kW·h/m^2,但是相对居住建筑节能改造,公共建筑节能改造潜力大。

2017 年世界主要国家的能耗量(万吨标准油) 表 1-2

国　家	石油	天然气	煤炭	核能	水能	可再生能源	总　量
中国	608.4	206.7	1892.6	56.2	261.5	106.7	3132.2
美国	913.3	635.8	332.1	191.7	67.1	94.8	2234.9
俄罗斯	153.0	365.2	92.3	46.0	41.5	0.3	698.3
印度	222.1	46.6	424.0	8.5	30.7	21.8	753.7
日本	188.3	100.7	120.5	6.6	17.9	22.4	456.4
加拿大	108.6	99.5	18.6	21.9	89.8	10.3	348.7
德国	119.8	77.5	71.3	17.2	4.5	44.8	335.1
巴西	135.6	33.0	16.5	3.6	83.6	22.2	294.4
韩国	129.3	42.4	86.3	33.6	0.7	3.6	295.9
法国	79.7	38.5	9.1	90.1	11.1	9.4	237.9
伊朗	84.6	184.4	0.9	1.6	3.7	0.1	275.4
沙特阿拉伯	172.4	95.8	0.1	—	—	—	268.3
英国	76.3	67.7	9.0	15.9	1.3	21.0	191.3
世界总量	2991.4	1993.8	3073.3	492.9	613.4	357.4	9522.5

资料来源:2018 年《BP 世界能源统计年鉴》,其中 + 代表低于 0.05。

截至 2016 年底,全球建筑市场仍以年均 4.9% 的速度增长,甚至在短期内还会保持该速率继续增长,而我国新建建筑面积仍保持着 9% 以上的速度在增长,尽管采用了新型绿色建筑材料,可一定程度降低建筑能耗,提高建筑能源效率,但以往建设的既有建筑由于多采用高耗能建筑材料及采取的无序发展模式,很多可能达不到工程建设节能强制性标准指标,无疑会消耗更多的社会资源。这和我国"十三五规划"设定的节能减排目标有较大的差距,因此,伴随着国家越来越重视建筑节能,我国建筑行业存在着巨大的潜力。

当然,为实现对建筑能耗总量的控制,从目标到实现途径分析来看,必须解决以下几个核心问题:

(1)建筑用能总量控制的目标值是多少?

推进建筑能耗总量控制,首先应明确建筑可用能量的上限,以作为总量控制必须达到的要求。可消耗的能源总量,受能源供应能力和对资源环境的影响所制约。当前我国经济正处于由高速增长阶段转向高质量发展阶段,建筑、工业和交通各部门能耗都有加大的趋势,未来能源可消耗的总量是多少?在保障国家经济稳定发展和人民生活合理需求的情况下,建筑部门最多可消耗的能源是多少?这个上限值是建筑能耗总量控制的规划设计的依据。

(2)依据怎样的分类对建筑能耗总量进行分解规划?

在明确建筑能耗总量控制的上限后,应根据建筑用能特点对总量进行分解规划。针对我国实际建筑能耗特点对建筑用能进行合理的分类,是开展总量规划并制定相应节能政策和推动相关技术措施的前提条件。不同类型建筑用能,其主要能耗强度影响因素不同,宏观参数以及其发展趋势不同,用能现状和可行的节能空间大小不同,因而,节能目标和途经也将明显不同。

例如,城镇化发展,未来城镇人口增加,将驱动城镇住宅用能增长;农村传统用能方式,生物质是炊事、采暖和生活热水的主要能源类型，鼓励其充分利用生物质，对节能有着重要的意义。因此，应根据建筑用能的类型，对能耗总量控制的目标进行进一步的设计规划。

(3)各类建筑用能规划目标是什么？

在建筑用能分类的基础上，应进一步明确各类用能的总量目标。一方面，根据当前各类建筑能耗总量现状，以及宏观参数和能耗影响因素的发展趋势，自上而下初步确定各类用能的总体目标；另一方面，从实际能耗强度现状，以及可行的节能政策和技术措施，自下而上地论证各类建筑用能可行的目标。综合两个角度得到的结果，与建筑能耗总量控制的目标进行校验，从而论证能耗总量的可行性。

宏观建筑能耗量与建筑面积量直接相关，例如，公共建筑能耗总量与单位面积能耗强度和公共建筑面积相关；住宅中空调和采暖能耗、家庭住宅面积相关。因而，在对各类建筑用能总量和能耗指标规划的同时，应考虑建筑规模的引导和规划。

(4)如何验证规划的能耗指标是否达到总量控制的要求？

国家建筑能耗包括了各地区和各类型的建筑用能，需要有计算分析工具，根据具体的建筑能耗指标结合相应的宏观参数，测算得到国家的建筑能耗量，从而校验规划的能耗指标值是否达到了总量控制的要求。而这个工具还需支持分析不同的政策或技术措施对建筑能耗产生的影响，从而研究和判断在未来不发展方式下，建筑能耗总量可能的情景。

(5)如何实现各类建筑用能规划的目标？

在明确各类建筑的能耗强度和总量的控制目标后，进一步的工作就是在考虑当前建筑用能现状、各项影响能耗的技术因素和使用与行为因素以及其发展趋势的基础上，从发展规划、节能政策、技术措施和管理方法等层面，确定切实可行的节能路线。

1.1.2 建筑节能概念及规范

能源，作为国家发展的基础，对一个国家的稳定尤为重要。如果能源在未来几十年枯竭，那么整个国家的国民经济发展将会停滞，国民生活质量与水平将会降低。虽然我国能源资源(煤炭、太阳能、风能和水能)比较丰富，但是我国人口众多，人均能源产量位于世界下游水平，而且能源消费结构不合理，如果持续下去，对我国环境的危害巨大。从表1-2可以看出，我国居民能耗仍以煤炭为主，而其他能源，如水能、核能以及其他类型的可再生能源的消费量却很低，仅占到10%左右，这与发达国家的能源消费模式还有很大的差距。

随着我国经济的持续发展，经济发展与能源消耗大、能耗利用率低的矛盾日益突显，国家为了有效解决这一矛盾，实施了节能减排这一重大举措。目前，在对社会总能耗的分析中，发现我国建筑能耗浪费较为严重，建筑领域能耗占全社会总能耗的比例较大(46.7%)，因此开展节能工作是保障国家可持续发展的重要工作。我国从20世纪80年代开始实施建筑节能，2006年开始强制实施建筑节能，在30多年的时间里，我国建筑节能事业取得了长足的发展。

随着人们对建筑节能认识程度的不断加深，将其解释为：建筑节能是指在建筑全生命周期(规划设计、建造运营、拆除)内，在满足建筑环境舒适性的前提下，通过合理的规划、设计、施工和维护，采用低能耗建筑材料，并加强建筑用能管理，来达到降低建筑综合能耗、合理有效利用能源的目的。采取的主要措施包括：采用节能性优良的建筑材料以降低维护围护结构能耗；采用低能耗系统与设备提高采暖、通风、空调、配电照明系统的运行效率；采用可再

生和清洁能源减少 CO_2 等温室气体排放；通过建筑用能设备的运行管理等措施减少建筑运行能耗。

2016 年 12 月 20 日，国务院发布《国务院关于印发“十三五”节能减排综合工作方案的通知》，明确到 2020 年，全国万元国内生产总值能耗比 2015 年下降 15%，能源消费总量控制在 50 亿吨标准煤以内，中国主要污染物排放总量减少 10% ~15% 的节能减排总目标。因此，节能减排作为我国的一项长期战略方针，需要各界相关部门、施工单位及管理单位牢固树立创新、协调、绿色、开放、共享的发展理念，以提高能源利用效率和改善生态环境质量为目标，确保完成“十三五”节能减排约束性目标，保障人民群众健康和经济社会可持续发展，实现经济发展与环境改善双赢，为建设生态文明提供有力支撑。表 1-3 为我国“十三五”主要行业和部门节能指标。

“十三五”主要行业和部门节能指标　　表 1-3

指　标	单　位	2015 年实际值	2020 年	
			目标值	变化幅度/变化率
工业：				
单位工业增加值(规模以上)能耗				[-18%]
火电供电煤耗	克标准煤/千瓦时	315	306	-9
吨钢综合能耗	千克标准煤	572	560	-12
水泥熟料综合能耗	千克标准煤/吨	112	105	-7
电解铝液交流电耗	千瓦时/吨	13350	13200	-150
炼油综合能耗	千克标准油/吨	65	63	-2
乙烯综合能耗	千克标准煤/吨	816	790	-26
合成氨综合能耗	千克标准煤/吨	1331	1300	-31
纸及纸板综合能耗	千克标准煤/吨	530	480	-50
建筑：				
城镇既有居住建筑节能改造累计面积	亿平方米	12.5	17.5	+5
城镇公共建筑节能改造累计面积	亿平方米	1	2	+1
城镇新建绿色建筑标准执行率	%	20	50	+30
交通运输：				
铁路单位运输工作量综合能耗	吨标准煤/百万换算吨公里	4.71	4.47	[-5%]
营运车辆单位运输周转量能耗下降率				[-6.5%]
营运船舶单位运输周转量能耗下降率				[-6%]
民航业单位运输周转量能耗	千克标准煤/吨公里	0.433	<0.415	>[-4%]
新生产乘用车平均油耗	升/百公里	6.9	5	-1.9
公共机构：				
公共机构单位建筑面积能耗	千克标准煤/平方米	20.6	18.5	[-10%]
公共机构人均能耗	千克标准煤/人	370.7	330.0	[-11%]

续上表

指标		单位	2015 年实际值	2020 年	
				目标值	变化幅度/变化率
终端用能设备：					
燃煤工业锅炉(运行)效率		%	70	75	+5
电动机系统效率		%	70	75	+5
一级能效容积式空气压缩机市场占有率	小于 55kW	%	15	30	+15
	55kW 至 220kW	%	8	13	+5
	大于 220kW	%	5	8	+3
一级能效电力变压器市场占有率		%	0.1	10	+9.9
二级以上能效房间空调器市场占有率		%	22.6	50	+27.4
二级以上能效电冰箱市场占有率		%	98.3	99	+0.7
二级以上能效家用燃气热水器市场占有率		%	93.7	98	+4.3

注：[ ]内为变化率。

一般来讲，应用了节能技术的建筑，称为节能建筑，在此基础上，人们又提出了可持续建筑、生态建筑和绿色建筑，其意义和内容见表 1-4。

节能建筑名词对比 表 1-4

名称	内容	共性
绿色建筑	在建筑的全寿命周期内，最大限度地节约资源(节能、节地、节水、节材)、保护环境和减少污染，为人们提供健康、适用和高效的使用空间，与自然和谐共生的建筑	实现建筑与环境的和谐共生、实现可持续发展，绿色建筑、生态建筑和可持续建筑都是节能建筑
可持续建筑	尽可能多地减少能耗、增大空间的同时使之与全社会、大自然和谐	
生态建筑	将建筑看成一个生态系统，本质就是能将数量巨大的人口整合居住在一个超级建筑中，通过组织建筑内外空间中的各种物态因素，使物质、能源在建筑生态系统内部有秩序地循环转换，获得一种高效、低耗、无废、无污、生态平衡的建筑环境	
节能建筑	遵循气候设计和节能的基本方法，对建筑规划分区、群体和单位、建筑朝向、间距、太阳辐射、风向以及外部空间环境进行研究后，设计出的低能耗建筑	

在社会节能减排工作的关键领域——建筑领域中，我国的建筑能耗居世界前列，每年建筑能耗约占社会总能耗的 50%。为推动和规范建筑节能事业的发展，我国自 1993 年以来，颁布了一系列的政策、法规和标准，用以指导建筑节能工作(表 1-5)，基本形成了较为健全的建筑节能规范体系，使得我国在实行建筑节能的过程中，有了法律的支撑和规范的技术支撑。与此同时，各省市自治区相继依据国家的法律和规范，制定符合自身的地方标准和规定，旨在针对性地采用不同的建筑节能社会标准，减少因地域差别对节能设计方法的影响，进一步完善建筑节能规范体系。

国家有关建筑节能的法律法规及标准　　表 1-5

序号	类　别	名　称	实施或修订时间
1	法律法规	《中华人民共和国可再生能源法》	2006-01-01
2		《中华人民共和国节约能源法》	2008-04-01
3		《民用建筑节能条例》	2008-10-01
4		《公共机构节能条例》	2017-03-01
5	管理规定	《民用建筑节能工程质量监督工作导则》	2008-01-29
6		《民用建筑节能管理规定》	2006-01-01
7		《建筑节能工程施工质量验收规范》(GB 50411—2007)	2007-10-01
8	设计标准	《公共建筑节能设计标准》(GB 50189—2015)	2015-10-01
9		《夏热冬冷地区居住建筑节能设计标准》(JGJ 134—2010)	2010-08-01
10		《严寒和寒冷地区居住建筑节能设计标准》(JGJ 26—2010)	2010-08-01
11		《建筑节能工程施工质量验收规范》(GB 50411—2007)	2007-10-01
12		《节能建筑评价标准》(GB/T 50668—2011)	2012-05-01

就目前我国的建筑耗能现状及建筑节能情况来看，这些建筑节能标准实施的效果并不显著。这主要由两方面的原因：一是我国的城市化进程不断加快，城市建筑数量基数的不断增长；二是人们生活水平的提高，对家用电器的需求量相继增加，增加了家庭的耗电量。在未来的十几年里，这些家用电器将成为建筑耗能的巨头，因此，在不断增加新建建筑能耗的前提下，应该着重控制建筑自身的能量损失；否则，在未来的很长一段时间内，建筑能耗问题会日益严重。

1.1.3　建筑节能途经研究

分析已有关于推动建筑节能的政策与研究，可以从战略规划、管理和技术手段等方面，归纳现有的对于各类建筑用能的节能途径认识。其中战略规划和政策措施主要由政府主导，也有一些研究者提出了相关建议；而节能管理和技术手段则主要由技术人员和建筑使用者参与实施，有大量的关于优化运行、技术应用、节能设计或改造的研究，推动建筑节能工作。

(1)战略规划和政策措施

研究近年来国家颁布的建筑节能发展规划和政策措施，主要包括：2007 年，由国务院颁发的《节能减排综合性工作方案》(国发〔2007〕15 号)对新建建筑要求“执行能耗限额标准全过程监督管理，实施建筑能效专项测评”，对于达不到标准的建筑，将不批准开工或不进行竣工验收，这项政策提升了新建建筑能效水平，但未对建筑使用阶段进行监管，许多建筑在设计或竣工时能满足测评要求，但实际使用阶段并不满足；2012 年，由住房和城乡建设部颁发的《“十二五”建筑节能专项规划》以发展绿色建筑、加强节能监管体系建设、深化供热体制改革、推动可再生能源利用等作为新建建筑、公共建筑、北方城镇采暖等方面的节能发展方向，并规划各项政策措施的节能能力建设目标；2013 年，国务院印发的《能源发展“十二五”规划》(国发〔2013〕2 号)中，将供热管网改造和实现计量收费、能耗定额管理作为控制能耗总量的重要措施，然而，供热计量与收费机制改革难以推广应用，能耗定额管理也难以有效落实；同年，由国家发展改革委以及住房和城乡建设部制定的《绿色建筑行动方案》，从“抓好新建建筑节能工作”“推进既有建筑节能改造”和“城镇供热系统改造”等十个方面提出了绿色建筑发展规划。总结来看，节能规划和政策主要包括加强新建建筑节能、进行供热改革、能耗限额和能效测评、既有建筑节能改造和发展可再生能源等内容，这些政策从各个方面推动建筑节能的开展，也取得了一定的效果，但在各项工作之间系统性、实际执行力与监管力度等方面还有待提升。

从现有的研究来看，仇保兴（2010 年）将积极发展生态城市作为生态文明建设的重要内容，在建设阶段应重点考虑低能耗的建筑形式并充分利用可再生能源，从而尽可能降低建筑能耗。提出以降低能耗为建筑设计目标，与前面提到的专项规划中的以节能能力为目标的战略规划有了明显的不同。清华大学建筑节能研究中心（2012 年）基于南北方农村能源现状特点调查分析，认为在北方农村应大力开展“无煤村”，通过被动式设计或生物质利用尽可能避免使用煤炭；而在南方可以充分利用自然资源发展“生态村”从而改善农村生活质量并提高农民生活质量。在发展理念上，充分考虑了农村能源和资源特点，尽可能使得建筑使用和自然条件相融合。孙高峰（2007 年）提出了完善建筑节能法规以及技术标准体系，制定经济鼓励政策，推进城市供热收费体制机制改革等方面的政策建议；瞿燚等（2010 年）在参考美国和日本节能政策的基础上，提出我国应该构建包括国家立法、配套政策（能效标准标识、经济激励）和政府管理三部分的节能政策支撑体系，以推进建筑节能工作的开展；丰艳萍（2010 年）提出应对既有公共建筑采取监督检查与考核、补贴节能改造项目、税收优惠以及资金奖励等激励措施，充分发挥市场的作用，推动既有公共建筑节能加速进行。这些政策建议，涉及法律法规的制定、财政与税收机制、政府监督管理等方面，提倡补贴或奖励等经济激励措施，一定程度上反映了我国建筑节能市场尚未成熟，仍需要政策大力扶持的现状；另一方面，如果以经济激励作为节能的支撑，不能激发节能市场的自身动力，将难以长期持续下去。

总体来看，当前的宏观建筑节能规划和政策措施，立足于当前我国建筑用能的现状，希望通过自上而下的方式推动建筑节能发展。然而在内容上还未针对我国各类建筑用能的特点提出相应的规划和政策措施，并且未与技术手段与使用方式结合分析，难以论证其实际效果。

（2）节能管理与技术手段

各类建筑节能设计标准是目前建筑节能管理的主要工具，例如《严寒与寒冷地区居住建筑节能设计标准》（JGJ 26—2010）和《夏热冬冷地区居住建筑节能设计标准》（JGJ 134—2010）。从建筑和围护结构热工设计，采暖、通风和空调节能设计方面给出了明确的指标，各级节能监管部门以此为依据，对新建建筑节能设计和既有建筑节能改造进行管理，对于北方地区城镇采暖节能起到了显著的效果。而龙惟定（2005 年）指出当前建筑节能标准中 50%、65% 的基准实际是虚拟的目标值，不能将节能率作为建筑节能的目标；杨玉兰等（2007 年）参考欧盟建筑能效指令（EPBD），指出我国目前建筑节能设计标准主要是关于建筑设计阶段的标准，没有明确能耗计算方法和建筑最小能耗要求，应尽快实施建筑能效证书制度，同时对政府财政支持的大型公共建筑规定建筑最小能耗要求，而对住宅建筑应采用宣传教育以及经济手段。从实际调查能耗数据来看，并未出现节能 50% 或 65% 的节能量，除北方城镇供暖能耗强度外，公共建筑和城镇住宅建筑能耗强度实际是在增长的。

江亿等(2012年)针对北方城镇采暖、公共建筑、城镇住宅和农村建筑等四类建筑用能分别提出了加强北方城镇建筑围护结构保温和推广高能效热源,在公共建筑中推广分项计量,发展与住宅行为相适应的技术以及在农村充分利用生物质能源的技术节能途径,并结合目前各项技术水平,讨论了各项技术可实现的节能效果。相对于之前的研究,注重从建筑用能特点出发,针对性地提出不同类型的节能技术建议,更具全面性。

在节能技术方面,范亚明等(2004年)提出应加强围护结构节能技术、新的建筑节能模式和综合开发利用新能源等方面的研究。高坤云(2006年)从建筑围护结构、暖通空调系统性能和可再生能源利用方面分析了建筑节能技术,认为推广高能效的集中供热或供冷技术是实现节能的重要技术手段,然而,大量实际工程表明,"高能效"的集中供热或供冷技术往往能耗也高,仅仅考虑高能效并不能解决建筑中节能的问题。李雪平(2010年)根据寒冷地区农村住宅建设存在的主要问题,提出应从建筑体型、围护材料和利用可再生能源三方面开展该地区农村住宅节能工作。这些研究突出了技术对推动节能的作用,从不同环节考虑技术措施的应用效果,然而,从实际工程来看,应用高能效的技术并不一定取得节能的效果,实际使用与运行方式对能耗有着非常显著的影响。

分析当前节能技术途经的研究,关于技术手段节能有两种差异显著的观点:

①认为技术因素是节能关键。理由:一是节能技术或措施的能效高;二是,采用节能技术的实际能耗大大低于美国同类建筑;三是这些建筑提供了更好的服务,即使运行能耗高于同类建筑,仍然是节能的;四是采用节能技术能够满足未来服务增长情况下的节能要求。

②而与之相对立的观点则指出:首先,实际能耗应该是检验节能的唯一标准;其次,技术的能效不是影响能耗的唯一因素,高能效不等同于低能耗,这是由于使用与运行方式对能耗有显著的影响。

从文献调查来看,一些研究者已经认识到使用与行为方式对建筑能耗有重要的影响。何琼(2009年)提出节能建筑要注重运行管理,应加强对用户的宣传,完善建筑能耗的监测、统计、审计和披露制度。叶水泉(2010年)认为应防止建筑领域盲目高技术、高投入的"低碳化",应该选择合理的技术措施,回归人与自然的和谐发展方式。江亿等(2011年)认为建筑能耗受建筑的使用模式、室内环境需求水平的影响,不同的使用模式对技术措施的需求不同,而技术措施反过来又约束或影响了使用模式。例如,习惯自然通风和采光的使用者,需要良好的通风和自然采光设计,如果将外窗设计为不可开启,将约束其使用行为。使用和行为的因素对于建筑能耗的影响十分重要,虽然当前有一些研究已经开始认识到这点,但从定性的分析到定量的分析,还需要进行深入的研究。

分析已有的建筑节能政策和技术措施研究,还未能完全解决建筑能耗总量控制的五个核心问题。具体来看,建筑能耗总量上限有待明确,对于我国建筑用能分类研究大多未从我国实际情况出发,而且也没有提出各类用能的能耗控制计划,宏观建筑能耗分析工具有待完善,围绕建筑能耗总量控制的节能政策、规划、管理和技术还不完备等。由此来看,针对建筑能耗总量控制还需开展大量的研究工作。

1.1.4　建筑节能检测

建筑节能检测贯穿于建筑节能的每一个环节。依据相关法律法规,为保证产品质量,从材料、部品、设备的生产开始,就需要进行检测,需要对材料和部品性能进行出厂检测和型式检测,确保其性能指标符合产品标准和建材行业标准;建筑节能工程施工过程中,材料、部品、设备在进入施工现场后,要对其相关技术指标进行复验,确保性能指标符合国家和本地建筑行业标准及设计要求。建筑竣工后,还要对建筑物整体的耗热量、气密性等进行检测,确保其指标符合国家和本地建筑行业标准及设计要求。对于要求较高的建筑物,如绿色建筑,还要进行相关检测和评定,以达到绿色建筑的要求。对于建筑节能每一个环节的检测,除出厂检测外,其余的检测均需要通过第三方检测机构进行相应的检测。

第三方检测机构是建筑节能的实施主体,这些机构通常是独立的,而且需要通过计量认证、实验室认证等相关认证获得检测资质,确保检测的合法性和可信性。检测机构依据相关标准对节能产品进行检测,出具检测报告,确保了建筑节能检测结果的公正性和科学性。据统计,我国建筑节能检测机构达1200家之多,这些检测机构对保证我国建筑节能工程质量起到非常重要的作用,极大地推动了我国建筑节能检测事业的发展。

建筑节能检测技术的不断发展,使得检测手段的科技含量升高。检测从初期应用尺子、力学试验机等检测设备进行相关技术参数的检测,到目前,已经发展到要应用红外光谱仪、紫外可见近红外分光光度计、积分球、红外热成像仪等高精尖的研究型检测设备进行检测,甚至有的检测还需要系统地检测不同的参数并在软件中计算模拟实现,如绿色建筑的测评。一方面可见,我国检测技术的发展,从另一方面来看,也更加肯定了建筑节能的必要性。

我国自实施建筑节能工作以来,提高围护结构的保温隔热性能和设备的运行效率成为建筑节能的必选项目。依据这一模式,并根据我国法律和有关规定,相关节能检测的标准规范相继完善,使得建筑节能检测更加规范化和系统化。如《建筑节能工程施工质量验收规范》(GB 50411—2007)对建筑节能分项工程划分及验收内容做出了系统的规定(表1-6)使得建筑节能检测在内容和范围上更加明确。

建筑节能分项工程划分(GB 50411—2007) 表1-6

序号	分项工程	主要检验内容
1	墙体节能工程	主体结构基层;保温材料;饰面层等
2	幕墙节能工程	基层;隔热材料;保温材料;隔汽层;幕墙玻璃;单元式幕墙板块;通风换气系统;遮阳设施;冷凝水收集排放系统等
3	门窗节能工程	门;窗;玻璃;遮阳设施等
4	屋面节能工程	基层;保温隔热层;保护层;防水层;面层等
5	地面节能工程	基层;保温层;保护层;面层等
6	采暖节能工程	系统制式;散热器;阀门与仪表;热力入口装置;保温材料;调试等
7	通风和空气调节节能工程	系统制式;通风与空调设备;阀门与仪表;绝热材料;调试等
8	空调与采暖系统的冷热源及管网节能工程	系统制式;冷热源设备;辅助设备;管网;阀门与仪表;绝热、保温材料;调试等
9	配电与照明节能工程	低压配电电源;照明光源、灯具;附属设置;控制工程;调试等
10	监测及控制节能工程	冷、热源系统的监测控制系统;空调水系统的监测控制系统;通风与空调系统的监测控制系统;监测与计量装置;供配电的监测控制系统;照明自动控制系统;综合控制系统等

建筑节能检测对推动建筑节能事业的发展具有非常重要的现实意义，从管理的角度讲，建筑节能检测是控制节能产品的有力工具，确保了应用于建筑的材料、产品的节能性能，保证了节能建筑的施工和节能质量，促进了建筑节能事业的良性发展。

建筑节能检测在保证节能有效性的同时，在建筑节能技术开发、相关科研等领域起到非常重要的作用。建筑节能检测领域通过长时间的发展，积累了大量的科学数据和经验，为建筑节能技术及新型节能产品开发奠定了基础；在相关的科研领域中，建筑节能检测不仅为科研提供科学的数据支持，同时建筑节能检测也是科学研究的一个重要的科研手段；同时，建筑节能检测为相关标准制订、节能设计提供科学技术支持。

建筑节能领域的监测内容多，范围广，专业跨度大，检测周期长，部分检测技术具有一定的复杂性和难度。从检测场所分，既有实验室检测又有现场检测；从检验对象分，既有材料、部品检测又有整体建筑物检测；从组成系统分，既有墙体、屋面保温材料又有采光、通风、配电、照明等材料，不同品种、不同类别和不同专业的检测项目近百项，主要检测内容见表1-7。

建筑节能检测的主要业务内容　　表1-7

分类依据	类　别	检测内容举例
检测场所	实验室检测	外墙外保温系统性能检测，如耐候性、抗风压、热阻等
	现场检测	保温板与基层拉伸黏结强度、系统抗冲压、外窗现场淋雨等
	实验室与现场检测	保温砂浆同条件养护试块、现场取样检测胶黏剂胶含量
检测对象	材料、部品检测	保温材料、门窗、散热器等
	整体建筑物检测	耗热量、整体气密性等
组成系统	外墙、屋面	EPS板、XPS板、复合聚氨酯板、酚醛板等
	配电照明	电线、开关、灯具等
	采光、通风	铝合金平开窗、阳台门、钢质入户门等
综合度	单一检测	门窗的传热系数等
	综合检测	门窗节能性能标识的测评、节能验收、建筑能效测评等

建筑节能检测的范围近几年来在不断地扩大，尤其是随着绿色建筑评价、民用建筑能效测评推行的不断深入，建筑节能检测的范围无论在深度上还是在广度上都大大增加，如表征门窗整体性能的门窗节能性能标识的测评、表征建筑物整体的节能性能评价等，这些项目均是综合性的评估，需要全面系统的检测和现场勘验。这些测评项目技术水平要求较高，测评的工作量大，综合性强，是目前建筑节能检测领域较为重要的检测项目。

近几年来，建筑节能监测技术取得了突飞猛进的发展，这一点可以从检测设备水平的不断提高和检测技术标准的不断提升中显现出来。而新材料、新技术研发领域的不断进步，以及绿色建筑等新概念的提出，不断地丰富和提升建筑节能检测技术，使得建筑节能检测不断向前发展。

1.2　公共建筑节能简介

公共建筑包括办公建筑（如写字楼、政府部门办公楼等）、商业建筑（如商场、金融建筑等）、旅游建筑（如旅馆、饭店、娱乐场所等）、科教文卫建筑（包括文化、体育、科研、医疗、卫生建筑等)、通信建筑(如邮电、通信、广播用房)以及交通运输用房(如机场、车站建筑等)。

2016 年 12 月 20 日,国务院发布《国务院关于印发"十三五"节能减排综合工作方案的通知》(下简称《通知》),明确提出到 2020 年,全国万元国内生产总值能耗比 2015 年下降 15%,能源消费总量控制在 50 亿吨标准煤以内,全国主要污染物排放总量减少 10% ~15% 的节能减排总目标。在节能工作中,要坚持政府主导、企业主体、市场驱动、社会参与的工作格局。

《通知》明确提出要"加强公共机构节能"。公共机构应率先执行绿色建筑标准,新建建筑全部达到绿色建筑标准。推进公共机构以合同能源管理方式实施节能改造,积极推进政府购买合同能源管理服务,探索用能托管模式。2020 年公共机构单位建筑面积能耗和人均能耗分别比 2015 年降低 10% 和 11%。推动公共机构建立能耗基准和公开能源资源消费信息。实施公共机构节能试点示范,创建 3000 家节约型公共机构示范单位,遴选 200 家能效领跑者。公共机构率先淘汰老旧车,率先采购使用节能和新能源汽车,中央国家机关、新能源汽车推广应用城市的政府部门及公共机构购买新能源汽车占当年配备更新车辆总量的比例提高到 50% 以上,新建和既有停车场要配备电动汽车充电设施或预留充电设施安装条件。公共机构率先淘汰采暖锅炉、茶浴炉、食堂大灶等燃煤设施,实施以电代煤、以气代煤,率先使用太阳能、地热能、空气能等清洁能源提供供电、供热/制冷服务。

公共建筑能耗在建筑总能耗中所占比例较大,其能耗主要包括采暖、通风、空调、热水供应、照明、炊事、各类电器、电梯等,其中采暖、空调、通风、热水供应及照明能耗高,节能潜力最大。

1.2.1 公共建筑节能形势

随着社会的发展,高楼林立已成为我国城市发展的常态,公共建筑体量规模也在不断增大,集办公、商场、餐饮、娱乐等多种功能的综合建筑越来越多,能源消耗也不断上涨。公共建筑单位面积能耗是住宅单位面积能耗的数倍之多,在资源短缺、能源紧张的当下,如果不对公共建筑的能耗加以控制的话,形势将会十分严峻。目前国家相关部门已提前部署,对新建和既有公共建筑一起抓,各有侧重。在相关部门的指导及部署下,全国各省及自治区也进行了公共建筑的节能改造。例如,上海市公共建筑节能工作始于 2005 年,主要从新建民用建筑进行围护结构保温起步,发展至今;新建民用建筑已全面执行节能建设标准,并且节能设计一再提高标准,目前已经是全面 65% 的节能设计要求了。

既有公共建筑节能改造重在保证舒适度前提下,降低公共建筑使用能耗。

在我国,建筑能耗是继工业能耗、交通能耗之后的第三大社会能耗主体。建筑能耗通常是指建筑物日常使用过程中的能耗,主要包括供暖、空调、照明、热水供应、炊事、家用电器以及公办设备等的能耗。随着城市化进程的推进、经济的发展,建筑能耗总量呈持续增长态势,并且增长速度有越来越快的趋势。建筑能耗快速增长的原因在于:一是随着城市化进程的推进、城市人口的增加,以及大规模的城市建设,城镇建筑总面积增加巨大;二是随着室内舒适度要求的提升、服务水平的提高,以及建筑内用能设备的增加,各类建筑单位面积能耗也不断攀升。若任由建筑能耗自然增长,必然给我国能源供应安全带来极大的压力。从历年统计数据可知,公共建筑能源消耗是居住建筑能源消耗的 6 ~8 倍。从用能情况来看,上海地区大型公共建筑的单位面积建筑能耗相当于普通住宅类建筑的 5 ~10 倍。目前公共建筑体量规模也不断增大,集办公、商场、餐饮、娱乐等多种功能的综合建筑越来越多,能源消耗也不断上涨。为此,如何在保证舒适度前提下,降低公共建筑能耗是一个无法回避的现实问题。

既有公共建筑用能系统复杂,形式多样,同时用能情况还和建筑产权性质、业主认识、使用管理模式等因素有关,几乎一楼一景。如果实施节能改造,现场施工条件差异也很大,因此,节能改造的难度也差别不一。通过国内这些年的实践,也积累了一些经验可以参考:例如在确定改造对象时,宜优先考虑技术可靠、可操作性强的建筑。在协商沟通的基础上,优先选择产权单一、建筑业主节能改造意愿强烈的建筑进行节能改造。如果条件相当,则在建筑类型上,优先选择政府办公建筑、文化教育建筑、医疗卫生建筑等公共机构建筑。

目前上海市的公共建筑类型主要集中在办公建筑、宾馆饭店建筑、医院建筑、商场建筑等,不同的业态导致其用能的状态和存在的问题也有所不一。但是这些类型的建筑中,空调和照明能耗占据了很大的比重,空调和照明的节能改造是重点。因此,需要清理主要问题和问题的主要方面,因地制宜,采用经济合理、技术可行的方案实施节能改造。主要采取提高冷热源效率、降低空调输配能耗、优化控制调节方式、增设分项计量系统、重视节能运行管理、提倡行为节能的方式等。运用广泛的改造技术有:溴化锂机组和锅炉改造、空气源热泵热水器改造、水泵变频和更新改造、LED 照明灯具改造等。例如,对于办公建筑,可以考虑优先运行策略,如采取增加小冷机提高低负荷下热源效率、水泵采用变频技术、优化办公设备和照明系统控制策略等措施;对于商场建筑,可以考虑采取风机变频技术、充分利用新风自然冷源、LED 照明灯具改造等措施;对于宾馆饭店建筑,可以考虑采取锅炉改造、更换高效空气源热泵、厨房高效餐具、太阳能热水、洗衣机蒸汽回收等措施。

在发展过程中,应逐步形成建筑节能的政策、标准、技术、管理、目标考核等五大体系。建筑节能工作重心从新建建筑逐步转移到既有建筑的节能改造;从新建建筑的建设管理逐步转移到既有建筑的节能运行管理。本书考虑到改造提升案例,将重点集中在大型公共建筑的研究方面。

1.2.2　公共建筑能耗现状

既有大型公共建筑是指已建成的、建筑面积超过 2 万 m^2 且采用中央空调系统的办公建筑、商业建筑、旅游建筑、科教文卫建筑、通信建筑以及交通运输用房。

1)既有大型公共建筑能耗量估算

我国既有大型公共建筑外形多样,设备系统复杂,建筑内部环境需求独特,单位面积能耗巨大。既有大型公共建筑单位建筑面积全年耗电量为 70 ~ 300kW · h/(m^2 · 年),是普通公共建筑的 4 ~ 6 倍,是住宅的 10 ~ 15 倍,占建筑总能耗的 40% ~ 60%。普通公共建筑的采暖能耗指标和住宅基本相当,而大型公共建筑由于内部发热量大,采暖能耗指标比住宅要低,一般情况下仅为住宅或一般公共建筑的 50% ~ 80%。综合考虑用电和采暖,既有大型公共建筑总能耗是相当可观的,远大于住宅和普通公共建筑。

随着我国城镇建筑的发展,大型公共建筑的增长速度非常快,所占新建建筑总面积的比例也越来越大。截至 2020 年,我国城镇每年竣工的建筑面积总量将保持在 10 亿 m^2 左右,在今后 15 年间新增城镇民用建筑面积总量将为 150 亿 m^2,其中新增的大型公共建筑约 10

亿 m^2。仅以北京市为例,2008 年既有大型公共建筑的面积已达到 2004 年总量的 2 倍。对公共建筑采用表征服务活动水平的指标之一——“服务业总的建筑使用面积”来进行预测,经济合作与发展组织(Organization for Economic Co - operation and Development, OECD)发布了成员国的服务业建筑物使用面积和居民家庭居住建筑使用面积之比,日本约为 0.36,美国为 0.45,欧洲为 0.38。考虑到我国服务业主要集中在城镇,因此,取全国城镇服务业建筑使用面积与全国城镇居民家庭的居住面积之比作为活动的指标更为合理。假定到 2020 年这一指标达到 0.4,则公共建筑的总面积将达到 115 亿 m^2。因此,世界银行在对我国的房屋建筑建设规模进行分析后显示,2015 年全世界新建建筑的一半在中国。由于既有大型公共建筑用电密度高,这种变化将导致民用建筑用电量急剧增加。

既有大型公共建筑面积的增加势必带来我国建筑耗能量的猛增,其中,尤以耗电为主。目前,我国电力紧张已成为制约城镇发展乃至居民生活的一个突出问题,然而,电力紧张的问题不是用电量不足,而是巨大的季节和昼夜电力需求的差异,也就是通常讲的“峰谷差”。以北京市为例,2004 年用电负荷为 950 万 kW,其中,家用空调器约 300 万千瓦,大型公共建筑的空调峰值用电约为 100 万 kW,空调用电已占到全市用电负荷的40% 。随着服务业在全市经济中所占比例的持续增加,北京市既有大型公共建筑的面积还会持续增加,因此,空调用电的节省对缓解北京电力紧张具有重要意义。

随着工业结构调整的基本完成和经济的继续增长,工业生产能耗的降低将难以弥足建筑能耗的飞速增加,建筑能耗增加导致的能源短缺更加突出。据统计,截至 2009 年,建筑能耗占全社会商品能源消耗量的比例已从 1978 年的 10% 上升到 20% 以上。而根据发达国家的经验,随着我国城镇化进程的不断推进和人民生活水平的不断提高,建筑能耗的比例将持续增加,并最终达到 30% 以上,建筑节能将成为提高全社会能源使用效率的首要方面,这其中又以既有大型公共建筑节能居首。

2)既有大型公共建筑能耗特点

(1)既有大型公共建筑能耗总特点

既有大型公共建筑涉及多项用能设备和多种用能种类。既有大型公共建筑的用能设备包括空调、照明、办公设备、电梯、供热等多个系统,除采暖外,大型公共建筑所消耗的能源种类根据建筑物内用能系统的不同而有所差别,一般以电为主,辅以天然气、煤、蒸气等。用能种类总体可分为采暖用能和电能(除采暖外的其他能耗可折合为等效电耗)两部分。对于采暖用能问题,大型公共建筑与其他类型建筑差别不大,可按照同样的原则来考虑。而对于能耗问题,则属于既有大型公共建筑的特殊问题,也是这类建筑节能的重点。不同性质的建筑物能耗水平相差较大,同一类型建筑物的能耗也存在较大差异,单位面积全年耗电量的最高值与最低值之比可达 3 ~4。在既有大型公共建筑的全年能耗中,照明、设备、动力等能耗是这类建筑节能的重点,其中,照明、设备、动力等是基本稳定的,集中空调系统能耗往往是最大的部分,一般占这类建筑总能耗的 40% ~60% 。

空调能耗是大型公共建筑的主要能耗。以北京和上海为例,据统计,截至 2004 年,北京市各类既有大型公共建筑约 500 幢,建筑总面积约为 2070 万 m^2,全年总用电量约 33 亿 kW · h,与全市近一半居民的生活用电总量相当。北京商场、宾馆、写字楼的全年总电耗占既有大型公共建筑总用电量的 70% 以上。根据上海市的统计资料,至 2001 年底,上海市既有大型公共建筑面积约为 8696 万 m^2，其中办公、商场、旅馆的建筑面积约为 4504 万 m^2。除学校、仓库、医院、体育馆等大型公共建筑，上海市用于办公、商场、旅馆建筑的能耗约为 11410 亿 kW·h，占上海市总能耗的 25.9%。北京市和上海市的抽查统计公共建筑能源消耗的成分比例见表 1-8，由表可以看出，空调能耗是公共建筑能耗的主要部分，占总能耗的 40%～50%。

北京市和上海市公共建筑的能耗比例 表 1-8

城　市	空调(%)	照明(%)	动力设备及其他(%)
北京	43.6	24.8	31.6
上海	50	15	35

(2)不同类型既有大型公共建筑能耗特点

由于不同类型的既有大型公共建筑使用功能的差异，其各系统的耗电量指标及在总能耗中所占比例也有所不同。以北京市为例，将既有大型公共建筑按政府机构办公建筑、商场、写字楼、星级酒店四类分别给予能耗特点分析。

①政府机构办公建筑的用能特点。

政府办公机构建筑比较复杂，建造年代区别较大，围护结构、照明灯具、空调方式也各不相同，根据能耗调查结果，北京市政府机关办公楼单位面积电耗为 40～150kW·h/(m^2·年)，相互之间存在较大差异。其原因有两个方面：一是由于部分政府机构的特殊职能，有大规模的计算机房、通信站、指挥中心等功能性房间；二是由于缺乏计量，政府机构提供的用电量不是单个大楼的数据，而是相关大院内几个办公楼(有的是普通公共建筑，有的是大型公共建筑)的总量。但去除上述两个方面的影响，我们发现政府办公建筑同样有很大的节能潜力。

以其中一家属于既有大型公共建筑的办公楼[总用电量 66kW·h/(m^2·年)]为例，分析其各用电设备的电耗情况。空调、照明和办公设备是该办公楼的三个主要用电环节，基本上各占总耗电量的 20% 左右，单位面积全年用电量分别为 14.3kW·h/(m^2·年)、14.4kW·h/(m^2·年)和 13.1kW·h/(m^2·年)。该政府办公楼各设备耗电量及比例如图 1-2 所示。

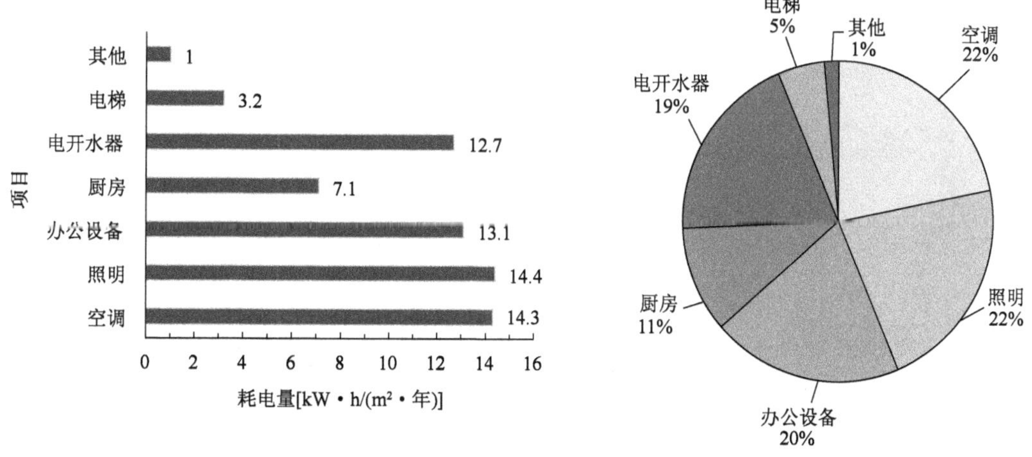

图 1-2 某政府办公楼各设备分项耗电量及比例

该政府办公楼的中央空调系统中冷冻机耗电量最大,占空调系统总用电量的39%[5.6kW·h/(m²·年)]。而由水泵和风机组成的输配系统的总用电量达到了5.4kW·h/(m²·年),与冷冻机电耗基本相当。此外,末端风机盘管占空调系统总用电量的14%。该政府办公楼空调系统分项耗电量及比例如图1-3所示。

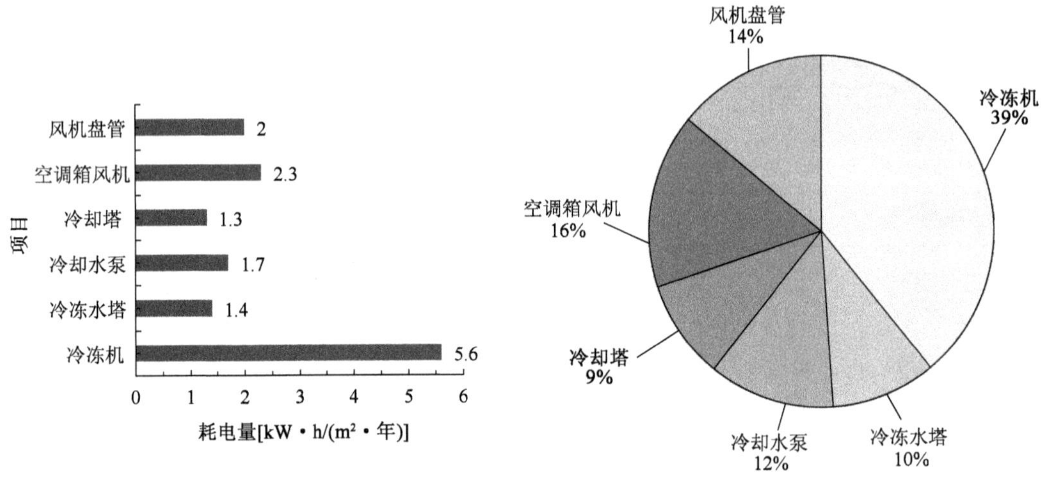

图1-3　某政府办公楼空调系统分项耗电量及比例

②商场建筑的用能特点。

商场营业时间通常是从早9:00到晚22:00,每天长达12h以上,而且全年基本无节假日。此外,由于内部发热量较大,商场空调的开启时间也较其他公共建筑长。北京市有些商场的冷冻机从3月中旬开启一直要运行到11月上旬,因此,商场建筑单位面积的电耗在公共建筑中是最高的。根据能耗调查结果,北京市商场单位建筑面积全年总耗电量为150~300kW·h/(m²·年),电耗高的商场建筑用电量约是电耗低的商场建筑用电量的2倍。

以其中一家大型商场[总用电量200kW·h/(m²·年)]为例,分析其各用电设备的电耗情况,首先是空调系统用电,占总用电量的50%[100kW·h/(m²·年)];其次为照明用电,占总用电量的40%[80kW·h/(m² 年)],最后剩余的10%为电梯用电。商场建筑各设备分项耗电量及比例如图1-4所示。

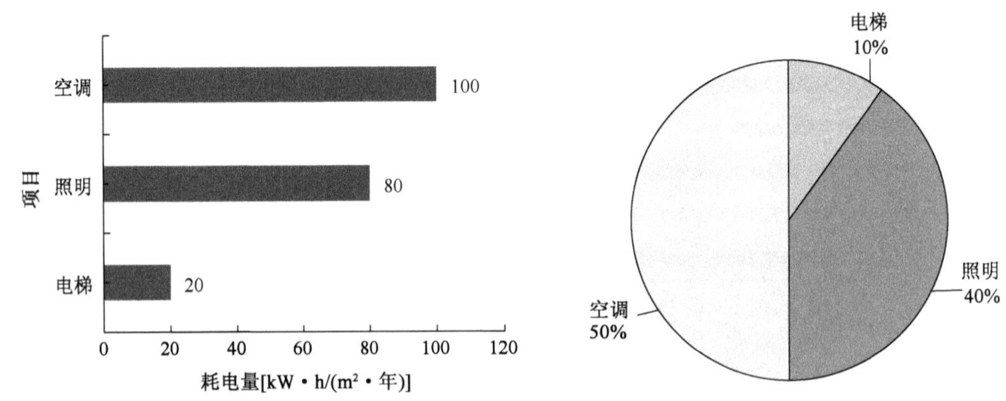

图1-4　商场各设备分项耗电量及比例

商场建筑采用的是全空气系统，空调箱风机全年运行，因此风机电耗所占比例最大，占到了该商场建筑空调系统总用电量的65.4%［65.4kW · h/(m^2 · 年)］；冷冻机电耗占空调总用电量的23.0%［23.0kW · h/(m^2 · 年)］；冷冻泵、冷却泵和冷却塔电耗合计占10.6%。该商场建筑空调系统分项耗电量及比例如图1-5所示。

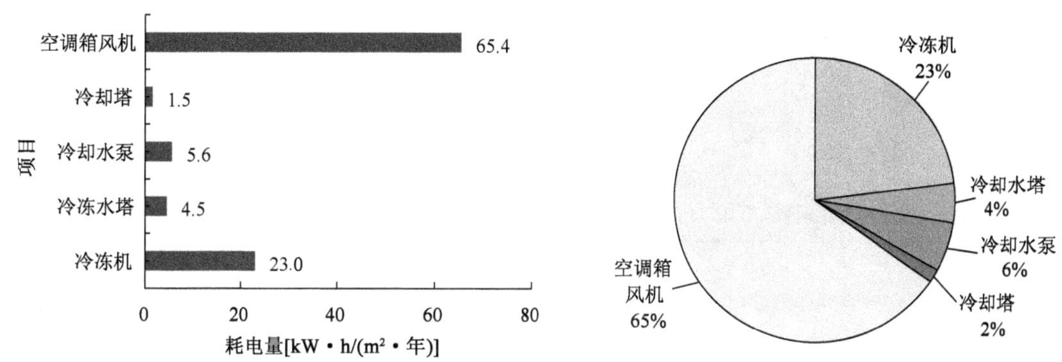

图1-5　商场空调系统分项耗电量及比例

③写字楼的用能特点。

写字楼属于高级办公建筑，全年使用时间是200～250d，每天工作8h，设备全年运行时间为1600～2000h。北京市写字楼单位建筑面积全年用电量为100～200kW · h/(m^2 · 年)，相互之间也存在较大差异。

以其中一家写字楼［总用电量120kW · h/(m^2 · 年)］为例，分析其各用电设备的电耗情况。其中，空调系统用电所占比例最大，占总用电量的37%［44.4kW · h/(m^2 · 年)］；其次为照明和办公设备用电分别占28%［33.6kW · h/(m^2 · 年)］和22%［26.4kW · h/(m^2 · 年)］，写字楼电梯除上下班高峰外的其他时间使用率不高，因此，用电量所占比例不大，约为3%。该写字楼各设备分项耗电量及比例如图1-6所示。

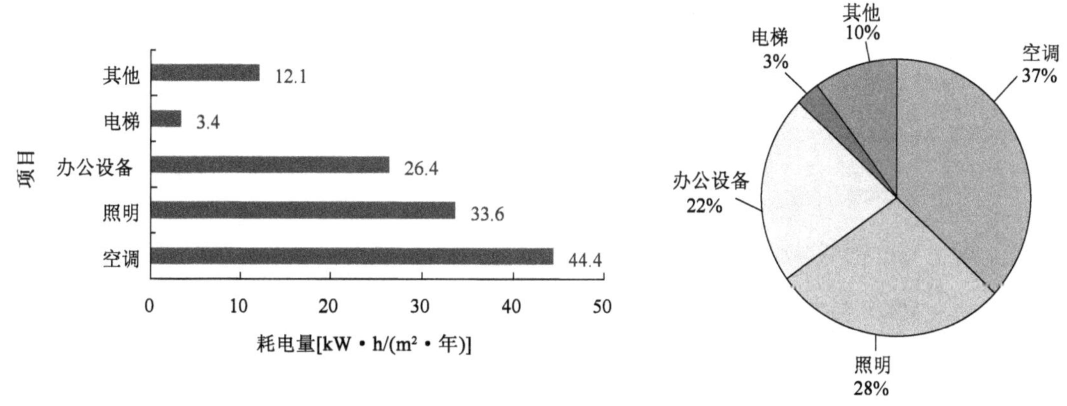

图1-6　写字楼各设备分项耗电量及比例

在空调系统中，冷冻机电耗占空调总用电量的29.9%［13.3kW · h/(m^2 · 年)］，冷冻泵、冷却泵和冷却塔电耗合计占15.5%，采暖泵电耗占9.2%。此外，该写字楼采用了变风量系统，全年空调箱风机电耗占空调总用电量的45.2%［20.1kW · h/(m^2 · 年)］。该写字楼空调系统各设备分项耗电量及比例如图 1-7 所示。

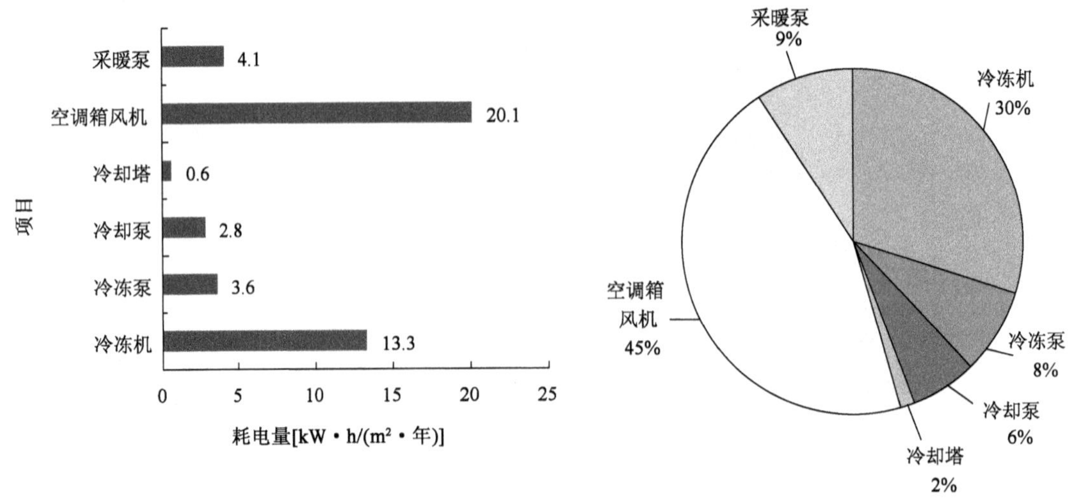

图 1-7　写字楼空调系统各设备分项耗电量及比例

④星级酒店的用能特点。

星级酒店与商场和写字楼不同，虽然营业时间长，但是，由于受到旅游季节变化和入住率波动的影响，多数时间是在部分负荷下工作。根据能耗调查结果，北京市星级酒店单位建筑面积全年用电量为 100 ~200kW · h/(m^2 · 年)，相互之间的能耗差异高达两倍以上。

以其中一家酒店[总用电量 120kW · h/(m^2 · 年)]为例，具体分析其各用电设备的电耗情况。比例最大的两个部分是空调和照明，所占比例依次为 43.6%[52.3kW · h/(m^2 · 年)]和 24.8%[29.8kW · h/(m^2 · 年)]。此外，酒店为客人提供 24h 循环热水，因此，给排水系统电耗也高于其他公共建筑，所占比例为 17.0%[20.4kW · h/(m^2 · 年)]；酒店电梯使用较为频繁，电耗也高，占到总用电量的 9.3%[11.2kW · h/(m^2 · 年)]。该星级酒店各设备分项耗电量及比例如图 1-8 所示。

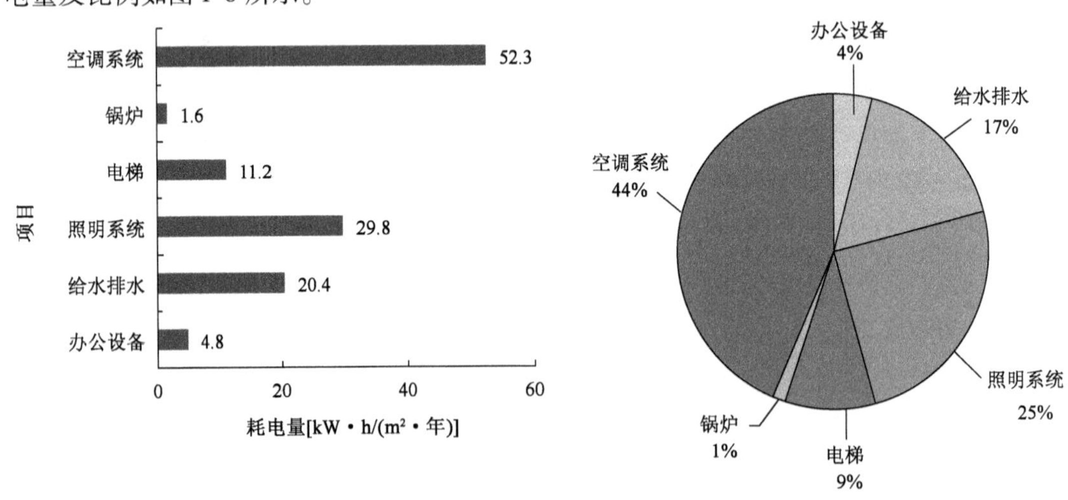

图 1-8　星级酒店各设备分项耗电量及比例

在空调系统中,冷冻机电耗占空调总用电量的25.4%[13.3kW·h/(m^2·年)],冷冻泵、冷却泵和冷却塔电耗合计占17.6%,采暖泵电耗占9.4%。此外,北京市的酒店类建筑的客房普遍采用风机盘管加新风的空调方式,大堂及餐厅基本采用全空气系统,全年空调箱风机和风机盘管电耗所占比例达47.7%[25kW·h/(m^2·年)]。星级酒店空调系统各分项耗电量及比例如图1-9所示。

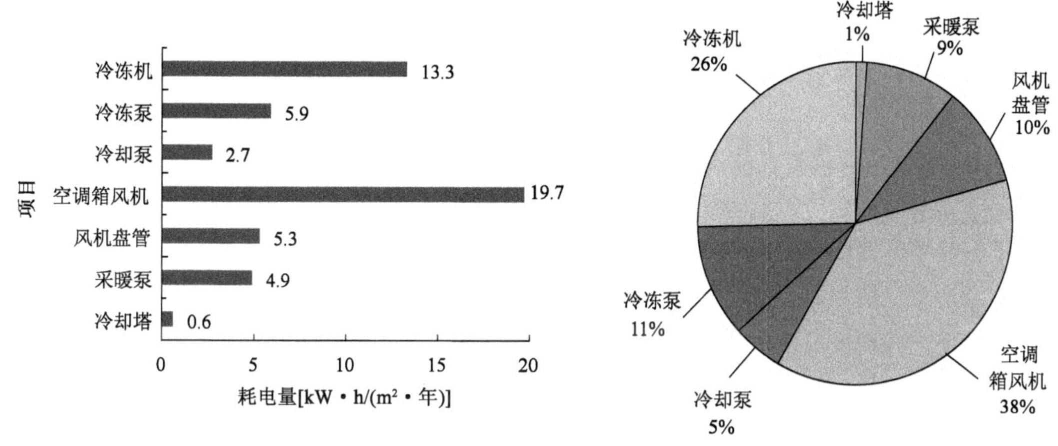

图1-9 星级酒店空调系统各分项耗电量及比例

1.2.3 既有大型公共建筑节能改造工作实践

自20世纪70年代初爆发全球范围的石油危机以来,西方发达国家就已经开始认识到节约能源的重要性,并把既有大型公共建筑节能改造纳入节能工作的重点。而我国是从20世纪80年代起,随着能源供需矛盾的日益突出,将既有建筑节能改造工作逐步纳入议事日程的。相比之下,既有大型公共建筑节能改造工作在我国起步较晚,发展也比较缓慢。概括起来,我国20多年的既有大型公共建筑节能改造实践主要是沿着三条主线展开:一是制定并颁布既有大型公共建筑节能改造相关法律法规;二是出台并实施既有大型公共建筑节能改造相关技术标准;三是开展既有大型公共建筑节能改造试点和示范。

1)既有大型公共建筑节能改造基本要求

探讨既有大型公共建筑节能改造的基本要求能够对顺利开展既有大型公共建筑节能改造工作"对症下药"。既有大型公共建筑节能改造不仅涉及多学科多专业,改造程序复杂,对改造资金来源、业主(客户)风险承担、改造后能源管理都具有要求。以下可从既有大型公共建筑节能改造资金来源渠道、节能改造内容及程序、节能改造技术及信息和建筑节能改造后运行管理水平四个方面来分析既有大型公共建筑节能改造的基本要求。

(1)节能改造资金来源渠道宽

既有大型公共建筑节能改造耗资多,要求节能改造资金来源渠道宽广。节能改造耗资多是我国既有大型公共建筑节能改造的一大特点,如此大规模的资金需求对节能改造资金的来源渠道提出了严峻挑战。目前,我国既有大型公共建筑节能改造资金来源渠道主要有大型公共建筑业主(客户)自有资金投资、政府财政拨款和银行能源项目贷款三种渠道。从我国以往既有公共建筑节能改造的筹资情况来看,这几种筹资渠道均存在缺陷与不足。对既有大型公共建筑业主(客户)自有资金实施节能改造来说,由于既有大型公共建筑业主(客户)节能改造的意愿不强,不愿出钱或者愿意出少部分钱来实施节能改造,导致节能改造资金不足。而在政府财政拨款上,政府财政支出中没有节能改造这一项支出,虽然对政府办公建筑具有能源费用支出,也是采用能源消耗费用实报实销的制度,但是对节能改造费用没有帮助。在银行能源项目贷款方面,节能改造近几年内才被提上日程,我国大多数银行不了解节能改造项目,对节能改造效益存在怀疑,不愿涉足这一陌生行业,因此,阻碍了节能改造项目的贷款申请。根据以上分析,可以看出,摆脱资金困扰、拓宽节能改造资金来源渠道是我国既有大型公共建筑节能改造的基本要求,也是节能改造工作能顺利开展的前提。

(2)节能改造内容覆盖范围广、改造程序规范

既有大型公共建筑节能改造是一个系统工程,从整体上把握节能改造内容,规范节能改造程序是取得最佳改造收益的关键。既有大型公共建筑节能改造工作十分复杂,涉及建筑物理、暖通空调、给水排水、电气控制等多个专业,改造内容涵盖了从项目最初立项的可行性分析到最终的能源设备管理维护。具体说来,包括建筑物能源检测、能耗审计、用能设备检查、节能改造可行性分析、节能改造方案设计、节能设备采购、改造工程施工、能源设备运行维护、节能改造效果评估、节能设备维护管理等方面。而且,国家要逐步实现能源审计和用能定额管理,既有大型公共建筑节能改造就显得十分重要。为完成以上改造内容,保证既有大型公共建筑节能改造工作的质量,规范的节能改造程序不可或缺。综合考虑既有大型公共建筑节能改造内容及实施过程,得出以下既有大型公共建筑改造程序,这为既有大型公共建筑实施节能改造提供了改造程序参考。

①查阅被改造大型公共建筑的建筑、空调、采暖、给水排水、电气控制系统竣工图纸、主要用能设备的样本及既有能耗统计资料。

②拟订初步的现场监测计量方案。

③结合现场实际对上述方案进行修订完善,使其具有可操作性。

④用能设备分项计量的实施,对现有系统的运行能耗进行分项常年监测。

⑤对室内温湿度、空气品质、噪声、照度环境进行定期监测。

⑥对既有设备的性能进行能力诊断鉴定。

⑦在诊断分析的基础上,提出节能改造方案,并对其进行效益分析。

⑧节能改造方案的系统设计。

⑨节能改造的分步实施和调试。

⑩运行人员的思想教育和技能培训。

⑪节能效果的常年监测。

⑫节能技术改造的效果评估。

⑬建立建筑分项能耗计量、统计、上报制度。

(3)节能改造技术先进、信息畅通

先进的节能改造技术和畅通的节能改造信息是既有大型公共建筑节能改造取得高效收益的有效保障。这不仅关系到既有大型公共建筑节能改造的效益回收,还关系到业主(客户)承担的节能改造风险,进而影响业主(客户)实施节能改造的动力。从提高既有建筑能

效水平和降低业主(客户)风险承担两个方面来看,对既有大型公共建筑实施节能改造都存在节能改造技术先进和节能改造信息畅通的要求。在既有大型公共建筑节能改造效益的保证上,改造内容包含建筑物本体改造和建建筑用能设备的改造。其中,节能设备的选购就涉及先进性问题,如门窗材料、外墙材料、屋顶材料及建筑用能设备信息等,及时了解国际先进水平的节能设备信息是建筑物节能改造能效最大化的前提。而安装这些先进的节能设备,对建筑物实施改造工程还需要技术工人先进的技术水平,由此要求既有大型公共建筑节能改造相关单位掌握国际最新节能改造技术信息。在考虑降低既有大型公共建筑业主(客户)节能改造风险的角度来看,先进的节能改造技术和畅通的节能改造信息也有其存在的必要性。既有大型公共建筑业主(客户)实施节能改造最关心的是节能效益,尤其是既有大型商业建筑的业主(客户)。由于我国建筑节能改造工作还处于起步阶段,业主(客户)对建筑节能改造仍处于观望阶段,效益是唯一的衡量标尺。业主(客户)实施节能改造承担的风险与节能改造效益呈反比,效益越大(小),风险越小(大)。采用先进技术可大大提高节能改造能效,有效消除业主(客户)的怀疑心理,降低业主(客户)实施节能改造的风险。由以上分析可看出,先进的节能改造技术和畅通的节能改造信息对既有大型公共建筑节能改造的重要性。

(4)提高建筑节能运行管理水平

既有大型公共建筑运行管理水平普遍较低,也是造成能效水平低的原因之一。运行管理水平影响建筑的实际能耗,对建筑实际节能情况至关重要。即使完全满足公共建筑节能设计标准,采用低能效设备,如果运行中没有科学的管理,也达不到节能效果,产生“节能建筑不节能”的现象。在建筑运行管理模式上,我国既有大型公共建筑业主(客户)对节能管理不了解,大多是聘请物业管理公司或人员管理建筑运行,这些人员没经过专门的能源设备维护管理培训,节能管理知识欠缺,缺乏设备运行维护管理常识等,均会造成既有大型公共建筑运行管理不善,导致既有大型公共建筑节能难。因此,既有大型公共建筑节能运行管理水平亟待提高,以适应建筑节能改造的要求。只要愿在运行管理上下功夫,既有大型公共建筑实施节能改造后,在运行方面的节能同样有极大的潜力可以挖掘。

2)既有大型公共建筑节能改造相关法律法规

20 世纪 80 年代开始,能源短缺日益成为国民经济和社会发展中的薄弱环节,对此,我国政府有计划、有组织地制定了一系列建筑节能改造的相关法律法规,为我国既有公共建筑节能改造提供了有效的法律依据。根据法律层次效力的不同,中央政府建筑节能的法规体系分为全国人民代表大会出台的基本法、国务院制定的行政法规和中央部委制定的行政规章三类。

1997 年 11 月,全国八届人民代表大会常委会通过了《中华人民共和国节约能源法》,并于 2007 年 10 月进行了修订,该法作为我国建筑节能工作的法律依据,对既有大型公共建筑节能改造工作起到了基础规范和指导作用。2000 年 2 月,为贯彻《中华人民共和国节约能源法》和推动建筑节能 50% 设计标准的实施,建设部发布了《民用建筑节能管理规定》,为建筑节能工作提供了制度上的保障,并于 2005 年对其进行了修订,以 143 号部长令重新颁布。其中,除加强对新建建筑执行建筑节能标准的全过程监督管理以外,还增加了既有建筑节能改造。明确规定民用建筑进行改建或扩建时,应当对原建筑进行节能改造,并规定公共建筑所有权人或者其委托的物业单位应制定相应的节能运行管理制度，为既有大型公共建筑节能改造奠定基础。2005年，全国人民代表大会又通过了《中华人民共和国可再生能源法》，促进了建筑中可再生能源推广利用，从而有利于节约常规能源，提高能源效率。为了加强建筑节能管理，完善建筑节能的法律基础，更好地指导全国建筑节能工作，2006年原建设部依据《中华人民共和国节约能源法》《中华人民共和国可再生能源法》《中华人民共和国建筑法》起草了《民用建筑节能条例》（国务院令第530号），并于2008年7月23日在国务院第18次常务会议通过，自2008年10月1日起施行。《民用建筑节能条例》对新建民用建筑（住宅、公建）节能、既有建筑改造、建筑物用能系统管理、建筑能效测评、标识、建筑节能服务的内容、要求和措施及相应的法律责任做了全面规定。《民用建筑节能条例》的颁布将使我国建筑节能法规体系更加完善，更具操作性、强制性和约束力。

3）既有大型公共建筑节能改造相关标准规范

建筑节能改造技术相关标准的制定从未停止，这对我国既有公共建筑节能改造具有重要的指导规范作用。

2003年10月23日，上海发布了《公共建筑节能设计标准》（DGJ 08-107—2004），拉开了国家公共建筑节能标准的序幕。2005年7月1日《公共建筑节能设计标准》（GB 50189—2005）颁布实施，对所有新建、改建和扩建的公共建筑（办公楼、餐饮、影剧院、旅馆、图书馆、百货楼等）的节能设计予以规范和要求，这是我国批准发布的第一部公共建筑节能设计的综合性国家标准，也是建筑节能工作在民用建筑领域全面展开的标志。在《公共建筑节能设计标准》（GB 50189—2005）中，有许多条款被列入国家强制性条文，相应的各地政府也分别颁布了具有地方法律效力的法令。《公共建筑节能设计标准》（GB 50189—2005）虽然并不是专门针对既有公共建筑改造而制定的，但却具有非常高的参考价值。另外，建设部在下发的《关于发展节能省地型住宅和公共建筑的指导意见》（建科〔2005〕78号）文件中，也明确表示了从2005年到2010年，即在“十一五”期间需要完成的建筑节能工作目标之一是：在充分调查研究的基础上，以既有办公建筑的节能改造为先导，有计划、有步骤地开展既有居住和公共建筑的节能改造工作，编制并实施了节能率为50%的《既有居住建筑节能改造标准》和《既有公共建筑节能改造标准》。2006年，建设部又颁布了《绿色建筑评价标准》（GB/T 50378—2006），在考虑建筑全寿命周期内，对建筑节能、节地、节水、节材、室内环境质量、运营管理等方面提出评价的指标和要求，有利于我国既有公共建筑节能改造评价工作的开展。与此同时，地方标准化工作也逐步展开，许多地区根据国家标准和行业标准的规定，结合当地实际情况，制定了既有公共建筑节能改造方面的地方标准和实施规程。

4）既有大型公共建筑节能改造试点和示范工程

20世纪90年代初，原建设部开始组织建筑节能试点示范工程，特别是20世纪90年代后期以来，试点示范的范围逐步扩大，北京、上海、贵州、内蒙古、浙江、湖北及东北三省等许多省市、自治区，相继建起了一批节能试点小区。例如，贵州省遵义医院门诊大楼、凯里格兰云天大厦、江口县白度商业城、北京市芳古园二期、锋尚国际公寓、金溪花园小区等。其中，北京市上述示范试点工程全部达到了节能65%的标准。这些试点示范工程对于推动建筑节能工作，提供了宝贵的经验。2004年，建设部进一步发布了《建筑节能试点示范工程（小区）管理办法》，对试点示范工作进行规范。

1.2.4　既有大型公共建筑节能改造的问题及潜力分析

1）既有大型公共建筑节能改造问题分析

在过去几年里，我国政府大力提倡既有大型公共建筑节能改造，针对建筑节能也出台了许多有利的政策法规。一些资本方纷纷涌向既有大型公共建筑节能改造市场，可以说，我国建筑节能在过去几年内取得了不小的成绩。但是，就目前来看，我国既有大型公共建筑节能改造工作仍存在一些问题，以下从管理平台和市场运作两个方面来探讨。

（1）管理平台

①相关法律法规不完善。

近年来，国家出台了《中华人民共和国节约能源法》，建设部也相继出台了一系列的建筑节能标准和规定，特别是2006年1月1日起施行的《民用建筑节能管理规定》，对建筑节能起到了一定的推动作用。但我国经济增长中能源过度消耗的问题由来已久，国民的法制观念不强，政府的配套措施不到位，使得施行长达10余年的《中华人民共和国节约能源法》和各项管理规定未能发挥其应有的强制性约束效应。现行的法律法规没有明确执法主体，《民用建筑节能管理规定》虽明确了监督主体，但对施工图设计文件审查机构的法律地位和对节能行政主管部门的管理责权的规定仍不明确，对建设项目必须达到怎样的节能标准也没有明确的规定，尤其是行政监管体系不健全，执法不严，监督不力，缺乏系统完整、执行有效的建筑节能改造法律法规体系，这些已成为制约我国建筑节能改造事业发展的瓶颈。而西方经济发达国家很早就将节约能源提上政府的重要议事日程，政府以立法形式制定了强制性的最低能源效率标准。例如，早在20世纪80年代初，能源危机就促使美国政府开始制定并实施建筑物及家用电器的能源效率标准，且标准随着每3～5年的不断更新也越来越严格。由于美国法制比较完善，老百姓及厂商的法制观念和诚信意识很强，且美国的最低能效标准一般都以强制性法律法规的形式颁布执行，这就为建筑节能的推行提供了强制执行的法律依据。

②节能测算标准及激励性法规制度短缺。

节能测算是既有公共建筑实施节能改造的关键。我国在既有公共建筑节能改造效果的衡量上缺乏有效且公认的节能衡量标准，导致节能改造效益无法通过数据显示出来，业主（客户）不能直观地看到节能改造带来的收益。针对节能改造效果制定符合我国国情和详尽的M&V（节能量检测和确认）标准，是关系到我国建筑节能改造工作能否顺利开展的基础平台问题。

美国采用通用的M&V标准和协议为节能效果的衡量提供了坚实基础。IPMVP—2002已成为美国EPC项目中通用的行业标准。在此基础上，ASHPAE编制了更为详尽的《节能效果测试方法指导》，美国能源部则编制了《联邦政府节能项目验证和测试指南》。这些详细的技术指导手册为资本方及相关业主（客户）提供了标准的技术平台，有效地减少了在基准和节能效果上的技术问题及扯皮现象。

目前，我国建筑节能仍处于激励性制度供给短缺状态。从现行的60多项有关政策法规来看，仅在《民用建筑节能管理规定》第九条有这样的规定："国家鼓励多元化、多渠道投资既有建筑的节能改造，投资人可以按照协议分享节能改造的收益，鼓励研究制定本地区既有建筑节能改造资金筹措办法和相关激励政策。"但这些条文过于原则化，可操作性不强，因此没有什么经济激励效果。而西方经济发达国家很早就将节约能源提上了政府的重要议事日程，出台各种能源政策，提高能源利用效率。例如，美国对新建竹能建筑实施立法、自愿节能标志、政府补贴和减税政策，凡在国际节约能源规范标准（International Energy Conservation Criterion，IECC）基础上节能30%以上和50%以上的新建建筑，每套可以分别减免税1000美元和2000美元；地热采暖、太阳能热水和采暖系统最多可减免1500美元。一些贷款机构还提供"能源之星"抵押贷款服务，这些贷款机构还采取诸如返还现金、低利息措施，刺激居民购买经"能源之星"认证的住宅。因此，国家应加大财政支持力度，特别应大力支持建筑节能。当前，最可行的就是把"墙改基金"改为"建筑节能基金"。另外，应该有相应的经济政策，对于节能搞得好的予以奖励，不搞节能的予以处罚，有奖有罚，才能使节能政策落实到位。如果基金落实了，奖励政策有了，不仅可有效地促进节能建筑的建设和开发，降低建筑物的能耗和维护运行管理费用，还可带动墙体、屋面保温隔热技术等的发展，刺激建材市场，增加就业机会，促进社会经济发展。有专家指出，如果对新建建筑全面强制实施建筑节能设计标准，对既有建筑有步骤地推行节能改造，到2020年，我国建筑能耗可减少3.35亿吨标准煤，空调高峰负荷可减少8000万kW·h（可减少电力建设投资约6000亿元）。

（2）市场运作

①业主（客户）缺乏节能改造的积极性。

在推进和实施既有公共建筑节能改造方面，提高既有公共建筑业主（客户）的改造积极性是推动节能改造工作顺利进行的有效保障。对政府办公建筑而言，因为是政府全额拨款，归属国家公共财产，能源消耗费用由政府财政买单，所以与部门利益和单位领导政绩并无多大关系。再加上业主（客户）本身不具备判断能耗状况的能力，若进行节能改造，有可能要影响建筑使用，不但审批程序比较烦琐，而且还要承担改造风险。进行节能改造并不能给业主（客户）带来经济效益，因此在不同程度上抑制了政府机构业主（客户）实施建筑节能改造的积极性。

而在西方国家，许多政府机构建筑是租借的，能源费用与部门利益挂钩，因此业主（客户）存在节能的积极性。对大型商业建筑而言，存在三个主要问题：一是没有改造投资或不愿意投入资金；二是对改造后的节能经济效益认可度不足，也就是说，缺乏具有权威性的节能服务机构；三是缺乏相应政策（包括强制性要求和经济激励措施），因此，没有压力也没有动力。大型公益性公共建筑则兼顾前两者存在的问题，业主（客户）同样缺乏节能改造的动力。

②节能改造融资渠道单一。

既有公共建筑节能改造资金的筹措方式、资金到位和保障程度是节能改造能否顺利进行的关键因素。既有公共建筑节能改造资金筹措渠道主要有业主（客户）自筹资金、银行贷款、EPC三种模式，其中EPC（Energy Performance Contracting）为合同能源管理，指以节省的能源消耗费用支付能源项目成本的投资方式。重庆、成都、贵阳三个城市节能改造后大型公共建筑业主（客户）的资金筹措调查情况见表1-9。由表1-9可以看出，业主（客户）较倾向于通过EPC和自筹资金两种渠道来完成改造。而通过银行贷款完成改造会增加企业的债务负担，因此只有极少数企业愿意通过此种方式来完成改造。其中，有超过一半的业主（客户）愿意接受EPC模式来筹集资金，EPC模式"零投资"的特点对既有公共建筑业主（客户）进行节能改造具有相当的吸引力。但因为EPC在建筑改造中的应用刚刚起步,缺乏政府资金政策等方面的支持,所以,开展节能改造主要还是依靠公共建筑业主(客户)自筹资金,由此可见,融资渠道的单一极大地影响了既有大型公共建筑节能改造的推进。

三个城市节能改造资金筹措渠道调查表 表1-9

城　　市	自筹资金(%)	银行贷款(%)	EPC(%)	未填写(%)
重庆	27.08	6.25	50.00	16.67
成都	28.21	5.13	53.85	12.81
贵阳	40.00	10.00	50.00	—
三城市总体情况	28.87	6.19	51.54	13.40

根据上述调研结果初步分析,既有公共建筑节能改造的投融资现状存在的问题表现在:a.投资渠道单一、结构失衡。从既有公共建筑节能改造的投资主体分析,应包括政府、企业和个人三方。但目前实际是以政府为主,企业和个人投入不足,社会资金没有得到有效吸纳利用,这就使得政府、企业、个人的共同事业变成了政府单方面的行为和责任,从根本上阻碍了既有公共建筑节能改造的进程。b.投入资金规模小、效益低。目前,既有公共建筑节能改造资金主要来源于政府推进的示范工程和业主(客户)的自筹资金,由于点多面少,资金量小,节能改造效果不尽如人意。因此,需要结合我国既有公共建筑节能改造的现实条件,寻求新的节能改造资金供应渠道,设计科学合理的融资模式,充分利用社会资金,建立多元化的投资主体,保证既有公共建筑节能改造的资金需求。

(3)节能改造产业尚未形成

节能改造产业尚未形成集中体现在三个方面:一是没有形成完整的节能改造技术体系;二是没有形成完整的产品体系;三是没有形成产业内部的协作体系。

①没有形成完整的节能改造技术体系。

一是技术进步缓慢:一些关键技术,如外墙围护结构体系、高效的供热制冷系统、可再生能源利用等技术不配套;不能完全解决耐久性、防火等技术细节方面的问题;能耗检测、能效评估评价技术等也跟不上节能形势的发展。与国际标准相比,多数现有技术比较低级,如果大幅度提升节能标准,现有技术大都难以支撑。二是成果转化率低:开展既有公共建筑节能改造工作以来,许多科研机构和高等院校组织开展了众多建筑节能新技术、新材料、新产品的研究开发,取得了一系列研究成果。但这些成果常常仅作为学术论文使用,真正投入应用得很少,更无法形成大规模的工业化生产,技术转化为产品的能力比较薄弱。三是自主创新能力差,可再生能源应用等核心技术缺乏自主的知识产权。

②没有形成完整的产品体系。

一是产品种类难以满足节能需求:如前所述,由于科研成果的产品转化率低,许多节能产品还停留在概念上,形成的产品种类少,经常出现"有材料,无制品;有制品,无产品"的现象。据统计,我国建材制品只有3000多种,而美国有50000多种,日本有20000多种。二是产品标准性差:由于缺少必要的产品标准化体系,致使新节能产品的开发一直处于比较盲目的状态,难以系列化、成套化和标准化,导致接口难和配套难等问题。目前,我国住宅的系列化产品所占比例不到20%。三是产品质量难以让人满意:虽然市场上节能产品数量很多,但由于缺乏严格的认证和监管，“鱼龙混杂”的现象比较普遍。据2007年3月15日国家工商行政管理总局公布的监测结果显示，节能灯商品的合格率仅为39.3%。从总体上看，建筑节能产业落入到一个“社会呼声高、企业产品多，但产品质量低、节能效果差”的怪圈中。

③没有形成产业内部的协作体系。

节能产业包括节能服务产业和节能物质性生产产业。节能物质性生产产业又包括节能产品、新型节能材料的生产企业，以及节能建筑的建造企业，从广义上讲，还包括节能建筑的设计单位及专业节能服务中介机构等。目前，我国节能服务业发展滞后、规模小、数量少、水平低，大多不具备按照EPC机制实施节能服务的经验和能力，不能满足日趋紧迫的节能融资和技术供给需要。同时，节能物质性生产企业通常并不是一个专门生产节能建材、节能部件的企业，而是依附于普通的建筑材料、部件生产企业而存在的，节能产品只是其产品线中的一类。由于我国房屋建造及住宅产业粗放型的经营，产业技术门槛低，造成产业链上的企业大多是数量众多、规模不大的中小企业，产业的集中度过低，依附于其上的建筑节能产业不可避免地要延续这一状况。众多的中小企业长期处于“小、散、乱”和各自为战的状态，既难以形成节能产品生产的规模经济，又难以形成企业间上下游互补、分工协作的关系。

综上所述，经过20多年的建筑节能实践，我国的建筑节能工作却仍处于起步阶段。究其原因是多方面的，如我国经济基础比较薄弱，缺乏开展建筑节能所需的资金；我国气候条件特点导致节能成本偏大；人们的节能意识薄弱；一些地方政府“重发展、轻环境”，对建筑节能工作的推动力度不够等。但在市场经济的大背景下，其根本原因在于建筑节能市场的发育和发展滞后，导致建筑节能过多地依赖行政手段去推动。因此，培育和发展建筑节能市场，并充分发挥市场机制的作用，是实现建筑节能目标的根本途径。

2）既有大型公共建筑节能改造特点及潜力分析

（1）既有大型公共建筑节能改造的基本特点

①节能改造耗资多。

既有大型公共建筑节能改造在带来效益的同时，也需要投入大量资金。公共建筑节能改造主要包括建筑物节能改造（墙体、门窗和屋顶节能）、建筑设备节能两部分。

一般来说，按建筑面积测算，所需节能改造资金为100～200元/m^2。据有关统计，全国公共建筑面积大约为45亿m^2，其中，采用中央空调的大型商厦、办公楼、宾馆等为5亿～6亿m^2。对如此大规模的建筑进行节能改造，需要节能改造资金将近800亿元资金，具体到每幢大型公共建筑，保底计算也需要200万～400万元，这部分资金不管是由国家财政拨款，还是由融资或者大型公共建筑业主（客户）出钱，都是一笔不小的数目。因此，单从节能改造所需资金上来看，耗资多是（大型）公共建筑节能改造的一大特点。

②改造潜力大。

既有大型公共建筑节能改造在消耗改造成本的同时，也会带来直接效益——降低能源费用。一般情况下，商场、写字楼的能耗费用为70～200元/（m^2·年）；政府机构公共建筑的能耗费用为100元/（m^2·年）左右（北方采暖地区、过渡地区、南方炎热地区各部分能耗所占比例不同，但总能耗相差不大），其中，采暖制冷的能耗占50%～60%。如果按节能50%的标准进行改造，公共建筑可实现节能30千克标准煤/（m^2·年），总节能潜力约为1.35亿吨标准煤，其中，可省电1500亿kW·h，远远超过8亿农民的年用电总量。这不仅降低了能源消耗水平，也减少了 CO_2 和 SO_2 的排放，达到了改善环境的目的，在取得经济效益的同时，收获了环境效益。因此，既有公共建筑节能改造大有潜力可挖。

③改造专业性要求高。

既有大型公共建筑节能改造需完成的内容多而杂，涉及建筑设计、施工、采暖、通风、空调、照明、电器、建材、热工、能源、环境、计算机应用等许多专业内容，是在许多学科边缘的交叉和结合下形成的一门综合性学科，涉及了多个学科领域，是一项系统工程。在大型公共建筑节能改造过程中，涉及的每个环节都会影响整个建筑的节能改造效果，且各个环节间的关系是紧密相连、环环相扣的，为了达到最佳节能改造效果，势必要求节能改造人员或公司掌握以上专业知识，且具备较高的建筑节能改造实践经验。

(2)既有大型公共建筑节能潜力分析

全国公共建筑面积大约为 45 亿 m^2，其中，采用中央空调的大型商厦、办公楼、宾馆为 5 亿～6 亿 m^2。将我国公共建筑分类为大型公共建筑和政府帮建筑及其他公共建筑，计算其节能效益。计算结果见表 1-10。

效益计算结果 表 1-10

建筑类型	节能量(亿吨标准煤/年)	CO_2 减排量(万吨/年)	SO_2 减排量(万吨/年)
大型公共建筑和政府办公建筑	0.18	6600	36
其他公共建筑	1.17	42900	234
合计	1.35	49500	270

注：硫含量根据国家环保局《燃煤二氧化硫排放污染防治技术政策》按 1% 计算。

就我国现有大型公共建筑节能潜力而言，一是大规模带来产业发展大潜力，二是普遍高能耗现状带来节能改造效益显著，节能潜力巨大。

与国外相比，我国既有(大型)公共建筑的能耗并不高，和发达国家相比基本在同一水平，或者还要低一些。国外研究机构对公共建筑的节能研究也是近几年才开展起来的，一些如设计不合理、调试不完善、运行管理不科学的现象在国外既有公共建筑中屡见不鲜。新的设计方法和模拟分析工具、设备系统的调试技术及提高物业管理的节能手段都是研究的重点。

参考国外的相关研究并基于国内对既有建筑的现场测试和诊断结果显示，既有大型公共建筑普遍存在 30% 以上的节能潜力，而节能的重点是高耗电的设备系统各环节。因此，既有公共建筑节能改造的途径包括规范化的管理、采用无成本或者低成本的节能技术，以及对用能各环节进行测试和诊断等方面。

第 2 章　国内外公共建筑节能改造现状

2.1　建筑节能基本概念

2.1.1　建筑的分类

建筑按照竣工时点为界分为既有建筑和新建建筑。建筑按照使用性质可以分为工业建筑、农业建筑和民用建筑三大类。民用建筑不论单位性质、投资规模和投资来源，按照用途分为居住建筑和公共建筑。

2.1.2　建筑能耗

建筑能耗又称建筑用能，包括建材生产、建筑施工、建筑日常运转及建筑拆除等项目的能耗。其中比重最大（约占 80% 以上）的是建筑使用过程中的能耗，包括建筑物（主要指住宅和公共建筑）采暖、空调、热水供应、炊事、照明及建筑电器耗能。

2.1.3　既有建筑节能改造

既有建筑节能改造是指对已经竣工的建筑物实施能源利用的节约改造，其目的是在均等或更高水平的内部舒适度下减少能源消耗。目前主要是围绕提高建筑物围护结构的保温隔热性能的改造和提高供热制冷系统效率两个方面展开。

2.1.4　新建建筑节能和既有建筑节能改造的关系

建筑节能包括新建（含改建、扩建）建筑的节能和既有建筑节能改造。建筑节能的目标是：在 2010 年前的目标是全国城镇新建建筑实现比 1980 ~ 1981 年当地通用设计标准节能 50%，既有建筑节能改造逐步开展，大城市应完成改造面积的 25%，中等城市完成 15%，小城市完成 10%；到 2020 年，北方和沿海经济发达地区和特大城市新建建筑实现节能 65% 的目标，绝大部分既有建筑完成节能改造；新建建筑的节能主要通过强制执行民用建筑节能设计标准来实现，新建建筑对不可再生资源的总消耗比 2010 年再下降 20%。

2016 年 12 月 20 日，国务院发布《国务院关于印发“十三五”节能减排综合工作方案的通知》，明确“十三五”时期，建筑节能与绿色建筑发展的总体目标是：建筑节能标准加快提升，城镇新建建筑中绿色建筑推广比例大幅提高，既有建筑节能改造有序推进，可再生能源建筑应用规模逐步扩大，农村建筑节能实现新突破，使我国建筑总体能耗强度持续下降，建筑能源消费结构逐步改善，建筑领域绿色发展水平明显提高。

具体目标是：到 2020 年，城镇新建建筑能效水平比 2015 年提升 20%，部分地区及建筑门窗等关键部位建筑节能标准达到或接近国际现阶段先进水平。城镇新建建筑中绿色建筑面积比重超过 50%，绿色建材应用比重超过 40%。完成既有居住建筑节能改造面积 5 亿 m^2

以上,公共建筑节能改造1亿 m^2,全国城镇既有居住建筑中节能建筑所占比例超过60%。城镇可再生能源替代民用建筑常规能源消耗比重超过6%。经济发达地区及重点发展区域农村建筑节能取得突破,采用节能措施比例超过10%。

2.2　国外节能改造现状

1973年第一次世界性石油危机后,世界上的国家意识到能源的有限性,一些发达国家开始注重节能工作的开展,尤其是建筑节能工作开始提上日程,并得到快速发展。

国外建筑节能的发展大致可以分为了三个阶段,最初称为建筑节能(Energy Saving),即限制用能阶段,该阶段始于20世纪70年代的石油危机,迫于能源短缺带来的巨大压力,发达国家先后将建筑节能工作提上日程。这一阶段的建筑节能工作的主旨是限制用能,该方法一定程度上缓解了当时的能源危机;但不久就改成了"在建筑中保持能源"(Energy Conservation),即减少建筑中能量的散失,提高用能效率阶段,这一阶段,随着生活水平的提高,建筑环境舒适度逐渐成为人们关注的焦点,上一阶段提出的限制用能不能满足这一要求。发达国家开始提出"健康建筑"概念,建筑节能开始向提高建筑中的能源利用效率这一方向发展;而近年来则普遍称为绿色建筑阶段,在前两个阶段的基础上,建筑节能得到了科学发展,开始强调全寿命周期的节能,污染的减少以及建筑室内外环境的和谐与舒适,即绿色建筑阶段。此阶段,发达国家开始注重对可再生能源技术的利用,并且提出被动节能技术,大量的"零能耗"建筑从理论走向实践。从这三个发展阶段可以看出国外建筑节能并不是消极意义上的节约,而是积极地寻求可以提高能源利用效率的手段。这些国家不仅仅在新建建筑的设计上采取节能的措施,同时也大规模、大力度地进行既有建筑的节能改造工作,所以积累了相当成熟、丰富的理论和实践经验,既有建筑改造的法规,规范等也在不断完善。

从20世纪90年代到现在,提高能源使用效率,促进可再生能源的生产供应,以获得最大的经济、环境和社会效益,一直都是发达国家致力研究的课题。近来许多欧洲国家率先提出可持续发展理念,100%利用当地可再生能源发电和供热,并已经付诸实施,兴建了一些以被动式住宅(Passive House)为主的低碳社区,如瑞典的"明日之城"。

2.2.1　美国

美国是个经济大国,但同时也是个能耗大国,因此能源危机一出现,其首当其冲。在石油危机开始不久,美国的学者开始对各类公共建筑,如写字楼、商场、宾馆、学校以及居住建筑进行能耗调研分析,为今后的节能改造研究工作积累了宝贵的资料。政府方面,美国于1992年颁布了《国家能源政策法》,并开始要求提高能源效率,提倡能源节约,确立了新的能源发展方向,如能源多样化、开发新能源等。同时,美国结合计算机技术在能耗监测方面取得了一定的成果,如美国在20世纪80年代开发了DOE-2(一种按小时对建筑物能耗进行分析的软件)与BLAST(一种测算建筑物表面冲击波荷载的方法),在1996年推出了Energy Plus,通过模拟软件建模可以了解建筑能耗情况,也可以通过基础理论公式进行推导,发现建筑内部负荷能耗的分布,从而服务于建筑设计工作,发掘建筑节能潜力;并使用DOE-2建立了基于的酒店建筑、办公建筑、商场建筑、学校和医院建筑的公共建筑能耗模型,模型对于建筑能耗具有很好的预测作用。

美国作为世界上的超级大国,其在节约旧能源、开发新能源、使用清洁能源方面的技术一直是处于遥遥领先的地位的。2009 年 10 月,美国发布了关于经济、环境、能源的一项计划。在计划中表明,从 2020 年开始,美国的一切新建住宅建筑的设计目标都要以零能耗为导向,争取在 2030 年之前全部达到目标所要求。关于商业建筑方面,到 2040 年至少要有一半商业建筑达到零能耗,到了 2050 年,全部的商业建筑都要达标。

想要达到节能建筑的要求,美国从建筑内部环境和外部环境两个方面同时入手。建筑内部是指建筑物内设备的能耗系统和能源效率。有能耗的设备有用来供暖的空调系统,用来照明的照明系统,用来生活的热水系统以及其他家用电器等。这些设备在运行时,都会消耗一定的电量,所以要想节省能源,就一定要从设备本身入手,很显然提高设备的能源使用效率是一个不错的方法。建筑外部方面是指在建造建筑时,要注意建筑本身的热功能性,每个建筑都拥有自己的保温系统和通风系统,这就关乎门窗和围护结构的设计。在设计建筑时,完全可以通过自然通风、自然采光来降低空调和照明设备的能耗。

电能是煤炭产生的不可再生资源,但却是现代城市发展的不可代替是必不可少的能量资源,同时燃烧煤炭所产生的 CO_2 也是造成气候变化的重要因素。因此美国联邦政府提倡把光能转化为电能,再把电能运用到建筑当中是一项非常重要的举措,既可节约能源,又能净化环境。不管是家庭建筑还是学校等公共建筑都可以安装太阳能蓄电池,先将太阳能收集起来,然后再转化为电能,用来供应日常的照明、热水以及空调的电能消耗等。

此外,美国联邦政府还制定了一系列经济激励政策,这些政策的实施,保证了其对既有建筑节能改造的完成。低收入家庭的节能计划除了经济效益突出外,还带来很多的环境效益,也为美国节能改造工作做出了相当大的贡献。

2.2.2 德国

欧洲国家节能意识较强,其节能工作起始于从 20 世纪 70 年代开始对大型公共建筑进行的能耗调查,最初实施该调查的目的既是为了既有建筑节能改造,也是为了未来建筑节能建筑发展方向积累原始数据,建立大型公共建筑的能耗数据库,后来这种方法称为能源审计。能源审计主要是调查建筑的类型、建设年代、围护结构参数状况、空调采暖系统设置情况等。

德国作为人口最多的西欧国家,能源短缺问题也最为突出,对既有建筑节能改造研究较早,并积累了相当丰富的经验。由于其国内住宅建筑占主要部分,因此其主要改造对象为居住建筑。在改造思路上,德国最初主要针对的是建筑围护结构保温隔热性能,随着建筑节能工作的不断开展,德国已将最初的改造思路转变为控制建筑物的实际能耗,这种转变大大促进了德国建筑节能工作的开展。在德国,对外墙进行节能改造的主要措施为使用较厚的保温材料对其进行外保温,外窗使用多层真空玻璃,同时对新风、排风系统进行热回收改造,以及尽量在既有建筑上使用可再生能源,如在建筑屋顶安装太阳能集热板,满足室内的热水和采暖供应。德国政府对建筑节能尤为重视,先后颁布了一系列激励政策与法规,例如,对既有建筑改造可以优先向银行申请贷款,还可以获得政府相应的减税待遇和财政补贴。

德国在绿色建筑方面下了很大的功夫和决心,对于欧洲其他国家而言,德国对节能建筑的研究是最透彻与先进的。其实绿色建筑并不单指 CO_2 的排放量达标，它还包括建筑材料是否节能、建筑规划是否合理等。这里的建筑规划包括建筑围护结构、门窗结构、建筑朝向、建筑供热系统以及散热系统等。现在越来越多的建筑把太阳能、太阳能等清洁能源设计到建筑之中。德国是把太阳能运用到建筑中技术最好的国家之一。它的绝大部分城市住宅建筑的供暖系统都是来自太阳能、天然气等一些可再生清洁能源，这样德国城市的温室气体排放量就大大降低了。其实这和德国政府推行的一系列"二氧化碳减排项目"有关，德国政府大力支持绿色建筑业，通过节能建筑低息放贷的办法来鼓励建筑业进行大量的绿色建筑建设。

2.2.3　日本

亚洲地区的日本，作为一个岛国，因其所处的特殊地理位置，导致各种资源、能源都十分有限。所以，日本这个国家就更加注重对绿色能源的研究与开发，在建筑业更是如此。日本也制定了有关建筑节能的法律法规来进行强制性实行。日本所有的建筑都要严格按照《节能法》来进行设计、建造以及竣工。由于日本四面环海，所以风能是它发展的重点方向。把风能转化为电能是代替燃烧煤炭换取电能的节能方式。同时，日本也大力发展太阳能技术，利用当地的气候特点，能够达到太阳能和建筑一体化。

在日本，先后制定了办公建筑、商业建筑、宾馆建筑等的 CEC 评价标准。CEC 即空调系统能耗系数，用来衡量空调设备的能源效率。各类建筑的空调系统设计完成后，首先计算 CEC 系数，CEC 必须满足要求，否则该空调系统设计无法通过。必须对设计进行修改，直到达到标准要求。

此外，还有许多发达国家诸如法国、瑞典、加拿大、新加坡等都在既有建筑节能改造技术和政策方面有着很成功的经验。

西欧和北美国家既有建筑的节能改造工作至今仍然在进行中。欧洲既有建筑改造在 20 世纪 90 年代开始进行以应用太阳能系统为主的节能改造，利用太阳能系统取代传统的供热和通风及热水系统，修缮并提高围护结构保温能力，以玻璃阳台或太阳墙等形式利用太阳能改善室内热环境，同时结合墙体保温和外窗更换等传统的改造方法对住宅进行改造。

此外，国外发达国家为促进建筑节能工作的开展采取了许多积极的对策措施，效果很好。如德国、丹麦、波兰等国家对既有建筑节能改造提供大量的财政补助；美国、日本、德国等国家对利用太阳能的建筑实施财政补助。

国外有关既有建筑节能改造的对策即资金来源主要有以下三方面：

1）依法推进既有建筑节能改造

如美国 1975 年和 1978 年通过了重要的能源政策立法，包括了许多建筑与节能设备方面的激励政策；如联邦政府税收激励政策，"2001 安全法案"（H. R. 4）减税法案。又如加拿大政府对建筑节能非常重视，有一套严格的行政立法和技术法规；加拿大的节能顾问委员会，不但吸收政府官员，专家学者，还有厂商等，对立法进行把关，对节能标准进行协调。德国从 2002 年 2 月 1 口开始实行新的建筑节能规范。就是实行对新建采暖地区住宅实行按建筑面积为基准的耗能标准控制。规定了建筑体型系数（建筑外表面积与其包围的采暖体积的比值）相对应的建筑物最大允许能耗标准，和建筑最大允许平均散热系数，以及一系列实施上的具体管理措施。该技术规范规定：新建住宅必须出具能量采暖需要量和住宅能耗核心值。特别是建筑外围机构热损失量计算，证明建筑每年所需的能量。分项列出所需电能、燃油、燃气、燃煤数量，制成建筑能耗计算表。

2）执行合同能源管理融资模式

目前，国外既有建筑节能改造常用的融资模式为合同能源管理（Energy Management Contract，EMC），它是一种基于市场的、全新的既有建筑节能改造运作模式。在美国、加拿大及欧洲一些国家，EMC已经发展成了新兴的节能产业。整个模式的首要运作主体为能源服务公司（Energy Service Companies，ESCO）。这种节能改造运作模式解决了繁杂的改造问题，更重要的是解决了资金的来源问题。

能源服务公司对既有建筑进行评估与节能量的预测，提出可行的改造方案，并与房屋所有者签订合同，主要是对改造的投资费用及节能效益分配达成协议。签订合同后由能源服务公司进行改造工作并负责资金的筹集与投入。能源公司主要通过向银行申请贷款及政府给予的贴息进行改造资金的筹集。改造后协议期内的收益归能源管理公司获得，这样可以让他们收回投资并有盈利。对于房屋所有者来说，协议期内仍然要按照原先的标准缴纳费用，协议到期后，能源管理公司撤出，以后的收益就全归房屋所有者了。

3）提供多项经济优惠政策，充分保证改造资金

在合同能源管理之外，国外政府常常会建立既有建筑节能改造的专项基金，为改造资金提供保障。同时采用补贴、低息贷款、税收优惠政策来鼓励投资促进既有居住建筑的节能改造。

（1）美国的政策

①税收优惠。

1978年能源税法规定住宅节能改造可享受10%～15%的税收减免；为商业建筑、新建住宅、住宅改造、建筑用能设备和产品及热电联产系统提供减免税支持；2001年《安全法》中规定，对进行保温和窗户改造并节能达到20%以上的建筑给予一定税收减免；2005年能源政策法案对达到“能源之星”要求的项目和满足2000工ECC的产品免除一定税金。除此之外，美国部分州针对不同情况制定了不同税收优惠政策。

②财政拨款。

美国联邦政府每年对节能项目的财政拨款都是巨大的。1992年，美国联邦政府通过要求政府与ESCO合作进行合同能源管理，同时不增加政府预算的议案。该议案要求到2005年，联邦政府机构的所有办公楼宇节能30%。除此之外，为了保障办公楼的顺利改造，美国联邦政府曾提供过30亿美元的财政拨款。

③专项基金。

除了政府的节能资金拨款，美国既有建筑节能改造资金的另一个来源就是“专项基金”。为了推动节能工作的开展，美国建立了节能公益基金（PBF）。

④贷款优惠。

美国一些贷款机构还采取了诸如返还现金、低利息等措施刺激居民申请节能住宅抵押贷款。

（2）日本的政策

①税收优惠。

日本规定，安装节能设备（国家指定的232种），节能设备所有人按设备的购置费，从应缴所得税额中扣除7%，或者在头年按设备购置费的30%提取特别折旧，节能技术开发项目扣减6%。

②贷款优惠。

对能源效率投资提供低息贷款。属于节能和资源再生利用的设备更新改造和技术开发项目，其投资享受国家规定的特别利率优惠，安装节能设备、建筑物节能、节能技术开发、余热利用及热能有效利用设备贷款中向商业银行借贷的金额，日本政府通过产业基础整备基金为这些项目的贷款提供担保。

③贴息。

在日本，对于安装节能设备、建筑节能、余热利用及热能有效利用设备贷款，以及节能技术开发项目，政府均给予0.4%的贴息。

（3）德国的政策

①财政拨款。

德国每年都投入大量资金用于住宅改造，改造内容包括增加建筑外保温设施，更换高效门窗，替换高能耗的采暖设施，通过这些维护更新方法，使德国的旧房每平方米住宅面积减少 CO_2 排放量达到40kg/年。

②税收优惠。

为节能、建筑改造、热泵等节能技术提供财税激励政策，对节能设施的实施项目适当的减免税收。

③贷款优惠。

为节能投资提供低息贷款，而且能耗降得越低，贷款利息也越低。如国家复兴银行给予节能建筑贴息贷款。为可再生能源的利用提供优惠贷款。

④补贴。

德国政府曾投入大量资金用于补贴老式建筑节能改造。同时对对热电联产及建筑节能和高效节能技术的研发和信息传播都提供补贴。

此外，世界各国为应对气候变化，在1997年签订了《京都议定书》，并在2005年正式生效。2012年12月8日，在卡塔尔召开的第18届联合国气候变化大会（英语：2012 United Nations Climate Change Conference）上，本应于2012年到期的京都议定书被同意延长至2020年。议定书表明每个签约国都要遵守限制温室气体排放的要求。经验表明，绿色节能建筑能有效地抑制温室效应，减少温室气体的排放，节约珍贵的资源，对环境保护的重要性非常之大。而绿色建筑的全面推广实施能够节省很多不必要浪费的资源，所以各个国家和政府都对绿色建筑产业予以充分重视，从近年来全球绿色建筑产值的巨大数额中就能够看出来。据不完全统计，截至2012年，全球绿色建筑产值已超过3000亿美元。

针对《京都议定书》，世界各国相继颁布了一些政策和措施。英国作为曾经欧盟成员国中的一员，虽然现在已经脱离欧盟，但是以前所制定的协议还是有效的。英国出台了相关的法律规范，主要指出采取三方面：一是采用构造措施；二是利用太阳能，风能，地热能等可再生资源；三是改善供热系统。英国还鼓励居民用环保的技术建设“绿色住宅”。英国政府表态称，至2016年后所有的新建建筑都要达到对能量的零消耗；德国政府表态到2019年部分公共建筑节能消耗达到近零能耗水平，到2050年全国所有建筑都要达到对能量的零消耗。

2.3 国内节能改造现状

在国内，清华大学对公共建筑能耗及既有公共建筑节能研究积累了丰富的经验，并于2007年首次出版了《中国建筑节能2007年年度发展研究报告》一书，此后每年均出版该年度的《中国建筑节能年度发展研究报告》。并于2010年开始，在每年《中国建筑节能年度发展研究报告》中针对一个建筑节能领域进行专门的深入分析，至2013年的第七本，已经完成了一个循环。2014年又从公共建筑开始，将完成第二个循环，通过这种方式总结研究我国建筑节能领域的新变化、新趋势及新的研究成果。

建设部关于我国节能状况的报告中，提出我国建筑节能中存在的五大问题：

(1)认识有待深化，信息扩散不力。

(2)国家对激励建筑节能的政策法规缺失，缺乏引导和扶植；缺少建筑节能行政法规制约，难以依法推进；缺乏专门的融资渠道，节能改造经费难以落实。

(3)城市供热体制改革滞后，已成为严重制约建筑节能市场启动的关键因素。

(4)政府管理部门和职能缺位，该管的没管住(国外的经验和国内的实践表明建筑节能是一个市场机制部分失灵的领域，需要政府的引导与干预)。

(5)缺乏科学的建筑能耗统计体系。

在这五项问题中，前四项都直接与政策相关，由此看来要想解决建筑节能问题，政策是首要突破口。

从我国对建筑节能规范的制定和标准的编制过程上来看，我国的建筑节能工作基本上分为三步。1986年建设部颁发了《民用建筑节能设计标准(采暖居住建筑部分)》(JGJ 26—1986)，目标是在1980—1981年当地通用设计的采暖能耗基础上节能30%；在原建设部编制的《1996—2010中国建筑技术政策》的“建筑节能技术政策篇”中提出“从1996年起到2000年，新设计的采暖居住建筑应在1980—1981年当地通用设计能耗水平基础上完成节能50%的基本目标；从2005年起新建采暖居住建筑应在前一基础上再节能30%”，即达到节能65%的标准，这也是我们常说的第三步节能。

我国的建筑节能工作虽已走过了20多年的艰苦历程，但与西方国家相比仍然起步较晚，技术水平较低，且发展缓慢，特别是既有建筑节能改造工作。但是，在国家建筑节能改造的大环境下，国内个别城市正不断努力地探索既有建筑节能改造工作经验，在探索的过程中也取得了一定的成绩，其中国内以唐山、内蒙古自治区为首的一些城市和地区既有建筑节能改造工作比较突出，在国内起到了带头示范作用。

2.3.1 唐山市

唐山市各级政府加大财政投入，在用足用好中央财政奖励资金的基础上，采取市场化运作方式，引进战略投资者，以“政府为引导、居民参与、第三方参与，谁受益谁投资”为原则，采取市场融资、企业投入、居民承担、银行贷款等多渠道筹集改造资金。对建筑部分项目，实行免收土地出让金和各项行政事业性收费，减收经营服务性收费的政策。对节能改造开发公司、节能改造施工企业参与节能改造工程所发生的税费，适当进行减免。唐山市结合自身实际，出台了《唐山市既有建筑节能改造工作实施方案》（简称《方案》），确定了既有建筑节能改造的五种模式和五项内容，《方案》还对既有建筑节能改造的资金筹措渠道、改造方式、保障措施等进行了说明。同时，唐山编制完成了我国首部《既有居住建筑节能改造规划》，填补了国内空白，对既有居住建筑节能改造具有较高的指导意义。此外，唐山市先后设置多个居民小区为示范项目，在唐山示范项目中，引入德国改造的先进经验，采取由政府、供热企业、居民共同分担的办法。其中外墙外保温系统、屋面保温系统、楼道入口雨棚、信箱及所有施工经费完全由政府承担。供热企业负责室内供暖系统管道安装和施工费用。政府、居民及中德项目办共同负责暖气片采购费用。在 600 元/组的实际采购价中，政府承担 240 元，居民承担 60 元，中德项目办补贴 300 元。外窗的改造费用完全由居民承担。中德项目引导居民试用塑钢中空玻璃平开窗并补贴不足部分资金。

2.3.2　内蒙古自治区

在国家“十二五”期间，既有居住建筑节能改造工作开展以来，内蒙古自治区充分调动各种资源促进改造任务的落实，2008 年完成改造任务 76.8 万 m^2，2009 年以来，内蒙古实际完成既有居住建筑节能改造任务 530 万 m^2，超额完成年初确定的 340 万 m^2 的改造任务，为提前超额完成“十一五”任务画上圆满句号。

2011 年，内蒙古自治区完成 600 万 m^2 既有居住建筑供热计量及节能改造任务；2014 年，内蒙古加强加快热力管网建设，推进集中供热、“煤改电”“煤改气”工程，通过集中供热和清洁能源替代加快淘汰供暖燃煤小锅炉。按照相关规划，内蒙古自治区在未来几年将大力推广绿色建筑，大型公共建筑率先执行绿色建筑标准，今后几年内每年将完成 1000 万 m^2 的既有建筑节能改造，到 2017 年全自治区 80% 具有改造价值的既有建筑完成节能改造。

内蒙古自治区能够取得这样骄人的成绩，主要在于以下几个方面：首先，自治区对既有建筑节能改造工作十分重视，自治区的发改委、财政厅、建设厅、技术监督局、工商局等部门密切协作，各司其职，各盟市也层层定任务、定责任，为改造工作的顺利完成提供了坚强保障。其次，确定了先易后难、先近后远、集中连片、先行试点的工作原则，指导各盟市根据自身情况灵活选择改造模式，调动多方面的积极性，整合各种可用资源。再次，合理进行资金筹措，由于既有居住建筑节能改造所需资金数额较大，自治区政府确定了政府与中央财政按照 1∶1 的比例进行资金匹配，不足部分由各盟市自行匹配解决的基本政策。内蒙古自治区除了政府投入以及利用奖励资金外，还调动类似于包钢这样的大型企业加入其中，从而使改造顺利进行。最后，内蒙古自治区进行了大量的宣传动员工作，发动街道办事处、居民委员会、物业公司对拟进行改造的项目向住户发放告示，宣传党和国家的政策、节能改造的必要性以及改造后给住户带来的好处，充分调动了群众的参与积极性。在改造项目基本确定后，内蒙古建设厅还组织节能、建筑、结构、暖通、供热、造价等方面的专家到各有关盟市进行现场勘察，指导制定改造技术方案，下发节能改造技术要求。

2.3.3　其他城市

其他城市的改造经验也值得我们借鉴，特别是以北京和乌鲁木齐为代表的既有建筑节能改造融资政策。

北京市的既有居住建筑节能改造资金主要来源于政府补贴、产权单位投资和个人承担。

北京市本着谁投资谁受益的公平原则,设定分摊比例,建立由产权单位、业主、财政(包括中央财政、市级财政、区县财政)分担的筹资机制。针对不同的产权、不同建筑类型、不同改造方式,采取全额支付、补贴、贷款贴息等多种方式的财政支持政策。这种模式的融资方案重点是要设定好比例,以免投资者之间由于利益问题而发生冲突。

乌鲁木齐采用的融资方式为政府补贴与产权单位共同投资,该种融资方式先由产权单位对改造资金加以垫付,对于收益则从改造后节省的能源费中待摊计提。到一定年限后,待本利收回时可终止此业务,在重新调整能源使用费用。这种方案老百姓较为欢迎,但对于出资的产权单位来说难度、压力相对较大。政府应进行严谨商榷,对其进行政策法规上的规范。

经过文献研究,笔者把国内外的大型公共建筑节能技术进行归类:

(1)建筑的新设计与节能改造。通过对建筑物的建筑朝向等问题的设计,或者在建筑围护结构中使用先进的节能材料可以使建筑能耗降低,能效变高。这一方式相比而言,简单易行。

(2)建筑物中采用可再生能源。目前,被广泛采用的可再生能源有太阳能、地热能、风能、生能等,这些能源利用到建筑物中,既环保又节约成本,起到了很好的效果,为今后寻找新能源的来代替传统的不可再生能源提供了新思路。

(3)改善通风空调系统的运行。我们知道,目前大型公共建筑主要采用中央空调系统进行采暖通风,因此,很多学者认为可以通过 HVAC(Heating Ventilation and Air Conditioning)性能的提高改进来实现大型公共建筑节能。

(4)建立智能大型公共建筑。利用信息自动化手段实现公共建筑的智能控制和建筑使用能源的优化利用成为当今建筑节能的研究的新方向。通过新的技术方法对大型公共建筑各个系统自行自动调节控制,可以减少人力,并达到有效的节能目的。

第 3 章　公共建筑节能诊断方法

公共建筑节能改造前应对建筑物外围护结构热工性能、采暖通风空调及生活热水供应系统、供配电与照明系统、监测与控制系统进行节能诊断。公共建筑节能诊断前,需提供下列资料:

(1)工程竣工图和技术文件。

(2)历年房屋修缮及设备改造记录。

(3)相关设备的技术参数和近 1 ~2 年的运行记录。

(4)室内温湿度状况。

(5)近 1 ~2 年的燃气、油、电、水、蒸汽等能源消费账单。

公共建筑节能改造前应制定详细的节能诊断方案,节能诊断应编写节能诊断报告。节能诊断报告应包括系统概况、检测结果、节能诊断与节能分析、改造方案建议等内容。对于综合诊断项目,应在完成各子系统节能诊断报告的基础上再编写项目节能诊断报告。

公共建筑应在外围护结构热工性能、采暖通风空调及生活热水供应系统、供配电与照明系统、监测与控制系统的分项诊断基础上进行综合诊断。公共建筑综合诊断应包括下列内容:

(1)公共建筑的年能耗量及其变化规律。

(2)能耗构成及各分项所占比例。

(3)针对公共建筑的能源利用情况,分析存在的问题和关键因素,提出节能改造方案。

(4)进行节能改造的技术经济分析。

(5)编制节能诊断总报告。

3.1　围护结构热工性能

3.1.1　非透光围护结构热工性能检测

非透光外围护结构热工性能检测应包括外围护结构的保温性能、隔热性能和热工缺陷等检测。具体包括:外墙、屋面的传热系数、屋面和东西墙体的隔热性能、热工缺陷等检测。通常,夏热冬冷、夏热冬暖地区重点检测隔热性能,严寒、寒冷地区除重点检测外墙、屋面的传热系数外,还应检测其热工缺陷及热桥部位内表面温度。

建筑物外围护结构热工缺陷、热桥部位内表面温度和隔热性能的检测应按照国家现行标准《居住建筑节能检测标准》(JGJ/T 132—2009)中的有关规定进行。

外围护结构传热系数应为包括热桥部位在内的加权平均传热系数。

非透光外围护结构热工性能检测可采用热流计法;当符合下列情况时,宜采用同条件试样法：

(1)外保温材料层热阻不小于 $1.2m^2 \cdot K/W$。

(2)轻质墙体和屋面。

(3)自保温隔热砌筑墙体。

当保温材料的热阻大于等于 $1.2m^2 \cdot K/W$ 时，其热阻远大于其他材料对保温的贡献；轻质墙体和屋面一般包含众多金属构件，热桥较多，形成多维传热，因而在现场较难准确测量其传热系数；自保温砌体砖缝多，现场检测较难反映墙体保温性能。因此，采用同条件试样法检测上述三类外围护结构的传热系数。同条件试样法仅适用于新建建筑。

热流计法传热系数检测、同条件试样法传热系数检测方法应按照国家现行标准《公共建筑节能检测标准》(JGJ/T 177—2009)中的有关规定进行。

3.1.2 透光围护结构热工性能检测

透光外围护结构热工性能检测应包括保温性能、隔热性能和遮阳性能等检测。具体包括：透明幕墙、采光顶的传热系数、双层幕墙的隔热性能及外窗外遮阳设施的检测。

建筑物外窗外遮阳设施的检测应按照国家现行标准《居住建筑节能检测标准》(JGJ/T 132—2009)的有关规定进行。

当透明幕墙和采光顶的构造外表面无金属构件暴露时，其传热系数可采用现场热流计法进行检测。对于隐框、全玻等类型玻璃幕墙及隐框采光顶，其构造无金属构件暴露在面板外表面，因此，可以按照热流计法进行检测，计算时应采用日落后 1h 至次日日出前 1h 的检测数据处理得到受测部位的传热系数。

透明幕墙及采光顶热工性能计算核验方法、同条件试样法传热系数检测方法以及外通风双层幕墙隔热性能检测方法应按照国家现行标准《公共建筑节能检测标准》(JGJ/T 177—2009)中的有关规定进行。

3.1.3 建筑围护结构气密性能检测

建筑外围护结构气密性能检测应包括外窗、透明幕墙气密性能及外围护结构整体气密性能检测。

外窗、透明幕墙气密性能应按照国家现行标准《公共建筑节能检测标准》(JGJ/T 177—2009)中的有关规定进行。

外围护结构整体气密性能检测应按照国家现行标准《公共建筑节能检测标准》(JGJ/T 177—2009)的附录 B 的要求，采用鼓风门法进行整体气密性能检测。

公共建筑的结构形式多为框架、框剪结构。由于这类建筑围护结构渗漏热损失不仅与外门窗、幕墙的气密性有关，而且其外门窗框周边与墙体连接部位的缝隙，以及填充墙与柱子接合部位的缝隙填堵质量，也成为以对流方式进行室内外热量交换的通道，将导致建筑物采暖空调能耗升高。因此，围护结构整体气密性能是关系建筑节能的重要问题。目前，国际上通用的气密性检测方法主要有两种：鼓风门法和示踪气体法。示踪气体法是模拟自然状态下的检测方法，该方法是在被测空间内释放示踪气体(通常采用 SF6 气体)，通过气体分析仪计量示踪气体浓度随时间的变化，进而计算得到该空间的换气次数。该方法的特点是：在自然状态下进行检测，与实际运行条件相近，检测结果比较符合自然条件下的情况；但是，其检测仪器设备价格较昂贵、操作较复杂、检测时间较长。鼓风门法是利用风机人为地制造一个室内外较大的压差（一般为50Pa），使空气在压差的作用下从室内向室外（或室外向室内）渗透，通过流量表测得该气压下通过该空间的空气渗透量，进而计算得到该空间的换气次数。该方法具有设备价格相对低廉、操作简便、检测周期短、对检测环境条件要求不高等优点。

3.2　采暖通风及生活热水系统

3.2.1　建筑物室内的平均温度、湿度

调节室内温、湿度，满足人们舒适性要求或工艺要求是空调系统最基本的功能，空调系统各种性能的评价都要在满足舒适性要求的前提下进行。因此在对空调系统性能进行测试和评估的同时，应首先对空调系统的室内应用效果进行测试。

建筑物室内温、湿度的测试应当根据建筑内各房间的不同用途进行随机抽检，抽检应当覆盖各种用途的房间。对所抽检的房间，巡视室内基本状况，对室内环境参数的设定情况及控制和调节方式进行现场调查，以确定是否存在设定不合理、能源浪费、无法控制或调节等现象。室内温、湿度检测应在建筑物达到热稳定后进行。

住宅室内平均温、湿度的测试应在典型供冷或供热季节及建筑物达到热稳定后进行。测试仪表应选取温湿度自记仪、热电阻温度计、数据采集仪等各种具有自动检测、记录和存储功能的温湿度测试仪表，测试时间不得少于6h，检测数据的时间间隔不得大于30min。

温、湿度测点应均匀设于室内活动区域，且距楼面0.7～1.8m范围有代表性的位置，温度传感器不应受到太阳辐射或室内热源的直接影响。对于室内面积不足$16m^2$，布置1个测点；对于室内面积大于等于$16m^2$，但小于$30m^2$的，布置两个测点；对于大于等于$30m^2$，但小于$60m^2$的，布置3个测点；对于大于等于$60m^2$，但小于$100m^2$的，布置5个测点；当大于等于$100m^2$时，每增加20～$30m^2$应增加1个测点。在测试室内温、湿度的同时，应对测试期间室外的环境温、湿度进行监测，室外温、湿度的布置应该避免日晒和雨淋。

建筑物室内平均温、湿度应符合设计和使用要求，当设计未有具体要求时，可参照表3-1数据。

空气调节系统室内计算参数　　表3-1

参数项		冬　季	夏　季
温度（℃）	一般房间	20	25
	大堂、过厅	18	室内外温差≤10
风速v（m/s）		$0.10 \le v \le 0.20$	$0.15 \le v \le 0.30$
相对湿度（%）		30～60	40～55

注：表中数据取自《公共建筑节能设计标准》（GB 50189—2005）。

3.2.2　空调机组的实际性能参数

1）冷水（热泵）机组

冷水（热泵）机组是空调系统中能耗比例最大的设备，冷水（热泵）机组的性能系数在基

于基本体系的建筑节能诊断中占据重要地位。根据具体情况,准确测定空调系统中冷水(热泵)机组的能效比,并做出符合实际情况的评价与诊断,是建筑节能改造工作中重要的组成部分。

冷水(热泵)机组性能系数是指冷水(热泵)机组输出冷热量与输入功率的比值。一般来说,冷水(热泵)机组均有其铭牌性能系数,机组铭牌性能系数反映了机组在实验室额定工况下的性能,而这里的冷水(热泵)机组性能系数实际上是机组在空调系统中实际应用工况下的性能。

(1)测试原理

冷水(热泵)机组的冷热量测量依据《蒸气压缩循环冷水(热泵)机组性能试验方法》(GB/T 10870—2014)规定的液体载冷剂法进行,如图 3-1 所示。

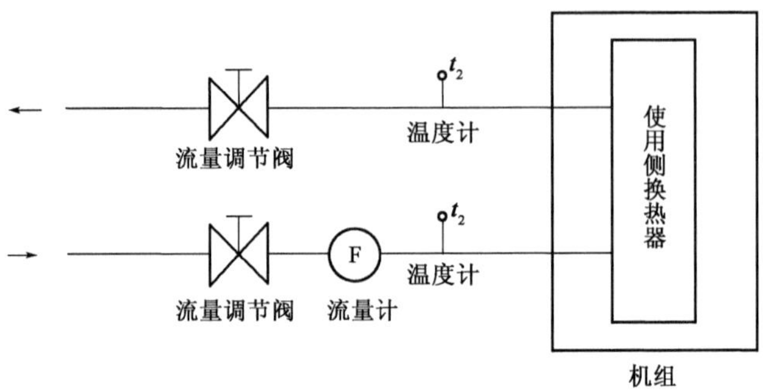

图 3-1 冷热源系统冷热量检测原理

电驱动的冷水(热泵)机组的实际性能参数(COP)应按式(3-1)计算。

$$\mathrm{COP} = \frac{Q_0}{N_\mathrm{i}} \tag{3-1}$$

式中:Q_0——机组测定工况下的平均制冷量(kW);

N_i——机组平均实际输入功率(kW)。

溴化锂吸收式冷水机组的实际性能参数(*COP*)按式(3-2)计算。

$$\mathrm{COP} = \frac{Q_0}{3600W_\mathrm{q} + P} \tag{3-2}$$

式中:Q_0——机组测定工况下的平均制冷量(kW);

W——燃料耗量:燃气消耗量 W_g(m^3/h),燃油消耗量 W_o(m^3/h);

P——燃料发热值(kJ/m^3 或 kJ/kg);

q——消耗电力(折算成一次能)(kW)。

冷水(热泵)机组的制冷(热)量通过式(3-3)计算。

$$Q = \frac{V\rho c\Delta t_\mathrm{w}}{3600} \tag{3-3}$$

式中:V——水平均流量(m^3/h);

Δt_w——进出口水温差(℃);

ρ——冷(热)水平均密度(kg/m^3);

c——冷(热)水平均定压比热[kJ/(kg·℃)]。

(2)测试方法

①测试内容:冷冻水(热水)进出口水温、流量,机组耗功率,燃料耗量(直燃机)。

②测试工况:冷水(热泵)机组的冷热量测试应在典型供冷或供热季节,且机组运行工况稳定后进行。测试结果反映的是冷水机组在空调系统中的实际性能水平。

a. 冷水(热泵)机组运行正常,且运行机组负荷应不小于其额定负荷的 80%,并处于稳定状态。

b. 冷水出水温度应在 6 ~ 9℃之间。

c. 水冷冷水(热泵)机组冷却水进水温度应在 29 ~ 32℃之间;风冷冷水(热泵)机组要求室外干球在 32 ~ 35℃之间。

冷水(热泵)机组的冷热量测量时应分别对机组的冷冻水(热水)的进出口温度、流量进行测试,根据进出口温差和流量测试值计算得到机组的冷热量。测试过程中应同时对机组冷却侧的参数进行监测,以保证测试工况符合测试要求。每隔 5 ~ 10min 读一次数,连续测量 60min,取各次读数的平均值作为测试的测定值。

一般来说,在机组的蒸发器和冷凝器进出口水管上均留有测量孔,可以直接插入温度计。现场测试时如果没有固定的插入式温度计,也可使用热电偶温度计测量管道的壁温,由于壁温与实际温度之间存在偏差,因此在结果分析时,应考虑测试误差对测试结果的影响。温度计应设在靠近机组的进出口处,以减少由于管道散热所造成的热损失。流量传感器应设在设备进口或出口的直管段上,使用超声波流量计时,测点宜设在距上游局部阻力构件 10 倍管径、距下游局部阻力构件 5 倍管径处,若现场不具备上述条件,也可根据现场的实际情况确定流量测点的具体位置。

电驱动冷水(热泵)机组应同时测试机组耗功率,溴化锂吸引式冷水机组需监测机组的耗功率和燃料耗量。燃料耗量如现场不便于测量,可直接根据现场安装的计量仪表进行读数,但现场安装仪表必须经过相关计量部门的标定。燃料的发热值可根据当地相关部门提出的燃料发热值进行计算。

(3)测试仪表

水温的测试:各种水银温度计、铂电阻或热电偶温度计。

水流量的测试:超声波流量计。

输入功率的测试:功率计、电力分析仪。

(4)结果判定

冷水机组和热泵机组的实际运行效率受设计、安装、调试、运行管理、维护保养和系统测试期间的负荷率等众多因素的影响,特别是系统运行方式和负荷率对实测结果影响较大,因此,在对冷水机组和热泵机组的测试结果进行分析评价时,应充分考虑上述因素对测试结果的影响。

2)采暖水系统补水率

(1)测试原理

采暖系统补水率应按式(3-4) ~ 式(3-6)计算。

$$R_{mp} = \frac{g_a}{g_d} \cdot 100\% \tag{3-4}$$

$$g_d = 0.861 \cdot \frac{q_p}{t_s - t_r} \tag{3-5}$$

$$g_a = \frac{G_a}{A_0} \tag{3-6}$$

式中：R_{mp}——采暖系统补水率；

g_d——采暖系统单位设计循环水量[kg/(m^2 · h)]；

g_a——检测持续时间内采暖系统单位补水量[kg/(m^2 · h)]；

G_a——检测持续时间内采暖系统平均单位时间内的补水量[kg/h]；

A_0——居住小区内所有采暖建筑物（含小区配套公共建筑和采暖地下室）的总建筑面积（该建筑面积应按各层外墙轴线围成面积的综合计算）(m^2)；

q_p——供热设计热负荷指标(W/m^2)；

t_s、t_r——采暖热源设计供、回水温度(℃)。

(2)测试方法

测试内容：系统补水管累计流量。

补水率的检测应在采暖系统正常运行后进行，检测持续时间宜为整个采暖期。

总补水量应采用具有累计流量显示功能的流量计量装置检测。流量计量装置应安装在系统补水管上适宜的位置，且符合产品的使用要求。当采暖系统中固有的流量计量装置在检定有效期内时，可直接利用该装置进行检测。

(3)结果判定

采暖系统补水率不应大于0.5%。

3)冷源系统能效系数

冷源系统的能效系数是指整个冷源系统输入能量与输出冷量的比值。对于电制冷系统而言，冷源系统输入能量是指冷水机组、冷冻水泵、冷却水泵和冷却塔风机的用电量，但不包括空调系统末端设备的用电量。如果冷冻水系统是二次泵系统，则包括一次泵和二次泵的用电量。

冷源系统的能效系数反映了整个冷源系统所有设备的综合性能，是衡量冷源系统运行是否节能的重要参数，它不仅受系统中每个设备性能的影响，而且，系统中各个设备之间的匹配、系统的运行模式、控制方式是否合理也会直接影响系统的性能。

(1)测试原理

冷源系统能效系数按式(3-7)计算。

$$\mathrm{EER} = \frac{Q_0}{\sum N_i} \tag{3-7}$$

式中：EER——冷源系统能效比；

Q_0——冷源系统测定工况下的平均制冷量(kW)；

$\sum N_i$——冷源系统各设备的平均输入功率之和(kW)。

空调系统的供冷量按式(3-8)计算。

$$Q_0 = \frac{V\rho c\Delta t}{3600} \tag{3-8}$$

式中：Q_0——冷源系统测定工况下的平均制冷量(kW)；

V——冷冻水平均流量(m^3/h)；

Δt——冷冻水进、出口温差(℃)；

ρ——冷冻水平均密度(kg/m^3)；

c——冷冻水平均定压比热[kJ/(kg·℃)]；

ρ、c 可根据介质进、出口平均温度由物性参数表查取。

(2)测试方法

空调系统供冷量测试应在测试工况稳定后进行。测量时应分别对冷源系统冷冻水的进出口温度和流量进行测试，根据进出口温差和流量测试值计算得到系统的冷量。测试过程中应同时对冷却侧的参数进行监测，以保证测试工况符合测试要求。每隔 5～10min 读一次数，连续测量 60min，取每次读书的平均值作为测试的测定值。

温度计应设在靠近机组的进出口处，以减少由于管道散热所造成的热损失。流量传感器应设在设备进口或出口的直管段上，使用超声波流量计时，测点宜设在距上游局部阻力构件 10 倍管径、距下游局部阻力构件 5 倍管径处，若现场不具备上述条件，也可根据现场的实际情况确定流量测点的具体位置。

冷水机机、冷冻水泵、冷却水泵和冷却塔风机的输入功率应在电动机输入线端同时测量。测试时间段内，各用电设备的功耗率应进行平均累加。

(3)结果判定

冷源系统能效系数检测值应不小于表 3-2 的规定。

冷源系统能效系数　　表 3-2

类　型	单台额定制冷量(kW)	冷源系统能效系数
水冷冷水机组	<528	2.3
	528～1163	2.6
	>1163	3.1
风冷或蒸发冷却	≤50	1.8
	>50	2.0

3.2.3　风机机组性能参数

1)风机单位风量耗功率

(1)测试原理

风机单位风量耗功率按式(3 9)计算。

$$W_s = \frac{N}{L} \tag{3-9}$$

式中：W_s——风机单位风量耗功率[$W/(m^3/h)$]；

N——风机的输入功率(W)；

L——风机的实际风量(m^3/h)。

(2)测试方法

风量测试通常采用毕托管和微压计测试风管内的空气动压，从而计算风量。或直接使用风速计测量断面风速。

①采用毕托管和微压计测试风量时，风量计算应按下列方法进行：

平均动压计算应取各测点的算术平均值作为平均动压。当各测点数据变化较大时，应依据式(3－10)，按均方根计算动压的平均值。

$$P_v = \left(\frac{\sqrt{P_{v1}} + \sqrt{P_{v2}} + \cdots + \sqrt{P_{vn}}}{n}\right)^2 \tag{3-10}$$

式中：　P_v——平均动压(Pa)；

P_{v1}、P_{v2}、…P_{vn}——各测点的动压(Pa)。

断面风压应按式(3-11)计算。

$$V = \sqrt{\frac{2P_v}{\rho}} \tag{3-11}$$

式中：V——断面平均风速(m/s)；

ρ——空气密度(kg/m³)，$\rho = \frac{0.349B}{273.15} + t$；

B——大气压力(kPa)；

t——空气温度(℃)。

机组或系统实测风量按式(3-12)计算。

$$L = 3600 \cdot V \cdot F \tag{3-12}$$

式中：F——断面面积(m^2)；

L——机组或系统风量(m^3/h)。

②风速计测量风量时，断面平均风速取算术平均值，机组或系统实测风量按式(3-12)计算。

通风机出口的测定截面积位置应靠近风机，风机风压为风机进出口处的全压差，风机的风量为吸入端风量和压出端风量的平均值，且风机前后的风量之差不应大于5%。当采用毕托管测量时，毕托管的直管必须垂直管壁，毕托管的测头应正对气流方向且与风管的轴线平行。测量过程中，应保证毕托管与微压计的连接软管通畅无漏气。

测定截面应选在气流比较均匀稳定的地方。一般都选在局部阻力之后大于或等于5倍管径(或矩形风管大边尺寸)和局部阻力之前大于或等于2倍管径(或矩形风管大边尺寸)的直管段上，当条件受到限制时，距离可适当缩短，且应适当增加测点数量。测定截面内测点的位置和数目，主要根据风管形状而定，对于矩形风管，应将截面划分为若干个相等的小截面，并使各小截面尽可能接近于正方形，测点位于小截面的中心处，小截面的面积不得大于0.05m^2。在圆形风管内测量平均速度时，应根据管径的大小，将截面分成若干个面积相等的同心圆环，每个圆环上测量四个点，且这四个点必须位于互相垂直的两个直径上。

(3)结果判定

《公共建筑节能设计标准》(GB 50189—2015)中规定风机单位风量耗功率限值见表3-3。

风机单位风量耗功率限值[W/(m^3/h)]　　表3-3

系统形式	办公建筑		商业、旅馆建筑	
	粗效过滤	粗、中效过滤	粗效过滤	粗、中效过滤
两管制定风机系统	0.42	0.48	0.46	0.52
四管制定风机系统	0.47	0.53	0.51	0.58
两管制变风机系统	0.58	0.64	0.62	0.68
四管制变风机系统	0.63	0.69	0.67	0.74
普通机械通风系统	0.32			

注：1. 普通机械通风系统中不包括厨房等需要特定过滤装置的房间的通风系统。
2. 严寒地区增设预热盘管时，单位风机耗功率可增加0.035 W/(m^3/h)。
3. 当空气调节机组内采用湿膜加湿法时，单位风机耗功率可增加0.053 W/(m^3/h)。

2）系统新风量

空调系统引入的新风量是影响系统负荷的重要因素。新风量引入过多，会造成额外的空调负荷，加大能耗；新风量引入不足，又会导致室内空气质量恶化，舒适性下降。因此，要合理控制新风量，既满足室内舒适性要求，有能达到节能的目的。

系统新风量测试宜选取系统总人风口处，测试方法可参照上节给出的风量测试方法。系统新风量的测试应根据新风系统所处位置的不同，抽取新风系统进行测试。抽检比例应不少于新风系统数量的20%，且不应少于1个新风系统。新风量检测值应符合设计要求，实测结果的允许偏差为设计值的±10%以内。

3）能量回收装置的性能

采暖和空调房间内排风中所含的能量十分可观，能量回收装置通过回收排风中的冷热量来对新风进行预处理，具有很好的节能效益和环境效益。因此在我国公共建筑中得到了比较大规模的应用。目前常用的排风热回收主要有转轮式热回收、板翅式热回收和热管式热回收等几种方式。

（1）测试原理

能量回收装置的性能可通过其能效来反映。热回收系统能效是指在实际运行工况下，通过热回收装置实际回收的冷热量与其风机等输送设备消耗电量的比值。

热回收系统的实测能耗按式（3-13）计算。

$$\eta_{re}=\frac{Q_{re}}{N} \tag{3-13}$$

式中：η_{re}——热回收系统能效；

Q_{re}——测试期间热回收系统所回收的平均冷（热）量（kW）；

N——测试期间热回收系统的平均输入功率（kW）。

（2）测试方法

热回收系统实际运行能效的测试应在典型供冷或供热季节进行，测试期间系统应运行正常，检测时间应不少于24h。

测试期间热回收系统所回收的平均冷（热）量，可通过测量热回收装置新风进出口温湿度和风量，采用焓差法计算。

4)空气过滤器的积尘情况

过滤器积尘,会使阻力增加、送风量减少,降低风机的效率。此外,还容易滋生各类微生物,影响室内空气品质。因此,空气过滤器积尘情况检查和及时清洗更换是建筑节能运行的一项重要的工作。

目前,空调机组在过滤器两侧均装有压差测量装置,通过测量过滤器前后压降来反映过滤器的积尘情况。因此,应经常对压差进行检查,及时对过滤器进行清洗或更换。

5)管道保温性能

绝热材料的导热系数、材料密度、吸水率等技术性能参数是空调与采暖系统冷热源及管网节能工程的主要参数,其是否符合设计要求,将直接影响到系统的绝热、节能效果。

绝热保温材料的性能参数可送至专门的检测机构进行测试。管道保温材料应采用不燃或难燃材料,其材质、规格、厚度应符合设计要求。保温材料表面应平整,与管路、部件及设备贴合紧密,无裂缝和空隙。管路在穿越楼板处的保温绝热层应连续不间断。

3.3 供配电、照明及监控系统

3.3.1 供配电系统节能诊断

1)变压器平均负载率

平均负载率的周期应根据春夏秋冬四个季节的工作时间用电负荷计算。

平均负载率诊断方法:利用配电室值班记录表,一般配电室值班人员都会记录低压进线柜上有功电量、有功功率和功率因数的数据,可以采用该建筑前一年全年记录数据计算变压器平均负载率,但变压器全年平均负载率小于20%时出于不经济运行状态。

$$\beta = \frac{S}{S_N} \cdot 100\% = \frac{P_2}{S_N \cos\phi} \cdot 100\% \tag{3-14}$$

式中:β——全年工作时间变压器平均负载率;

S——全年时间变压器平均输出的视在功率(kVA);

S_N——变压器额定容量(kVA);

P_2——全年变压器平均输出的有功功率(kW);

$\cos\phi$——全年变压器负载侧平均功率因数。

2)供用电能质量

供配电系统电能质量检验需在负荷率大于20%的配电回路,且为负载正常使用的时间内进行。负载率是一个变化的数值,它随用电设备投用的多少而变化。可以选择在用电设备最大典型工作时段来确定配电回路的最大负荷。

最大典型工作时段的选择方法,挑选用电设备功率投入使用最大的时段,如有集中空调的建筑则选在7、8月最热天气、气温最高的工作时段(如下午3:00),照明选择在一周内上班日的工作时段(如上午10:00)。

在最大典型工作时段内,采用钳式万用表,在出线回路断路器下口,按照《公共建筑节能检测标准》(JGJ/T 177—2009)附录D所采用的两表法或三表法测量有功功率值,记录间隔为1min,测量周期为10min,计算平均有功功率,将此计算值与断路器额定容量比较,得出负载率。

（1）三相电压不平衡度诊断

三相电压不平衡度诊断分为初步检验和仪表检验，初步判定方法为观察变压器低压出口的多功能电表上负序电压值，出线回路三相电流值，当负序电压超过4%，或三相电流之间偏差超过15%，可初步判定此回路为不平衡回路；对于初步判定为不平衡的回路应采用直接测量方法，测量方法为《电能质量三相电压不平衡》（GB/T 15543—2008）中规定的方法，三相电压不平衡允许值不超过2%，短时不得超过4%。

（2）谐波电压及谐波电流诊断

谐波电压及谐波电流诊断除变压器出线回路全部需要检验外，还需要对可能谐波的回路进行检验，容易产生谐波的回路为采用荧光灯的照明回路、配置变频设备的动力回路、配置大型UPS的回路。如果对这些回路都做现场检验，其时间和工作量都太大，尤其是照明回路一般都有十几条，所以规定了检验数量照明回路抽测5%，最少2个回路；配置变频设备的动力回路抽测2%，最少1个回路；配置大型UPS的回路抽测2%，最少1个回路。检验方法为采用新型数字智能化设备，仪器窗口宽度为10个周期并采用矩形加权，时间窗应与每一组的10个周期同步。仪器应保证其电压在标称电压±15%、频率在49～51Hz范围内电压总谐波畸变率不超过8%的条件下能正常工作。宜采用时间间隔为3s，测量次数应满足次数统计的要求，一般不少于30次（测量时间为24h）。谐波测量数据应取测量时段内各相实测值的95%概率值中最大相值，作为判断的依据。

为实用方便，实测值的95%概率值也可近似选取，即将实测值按由大到小的次序排列，舍弃前面5%的大值，取剩余实测值的最大值。

对于负荷变化慢的谐波源（如变频器、不间断电源UPS或EPS、荧光灯、高压汞灯、高压钠灯与金属卤化物灯、计算机、电视机、录像机、调光灯具、调温炊具、微波炉等家用电器、电风扇、洗衣机、空调器），可以选5个接近的实测值，取其算术平均值。

谐波电压检测数据应按照《电能质量公用电网谐波》（GB/T 14549—1993）中附录A、附录B规定的换算和计算方法进行计算；谐波电压计算结果总谐波畸变率应为5.0%，其中奇次谐波电压含有率为4.0%，偶次谐波电压含有率为2.0%。

谐波电流计算结果应满足表3-4允许值的要求。

谐波电流允许值　　表3-4

标准电压（kV）	基准短路容量（MVA）	谐波次数及谐波电流允许值（A）											
		2	3	4	5	6	7	8	9	10	11	12	13
0.38	10	78	62	39	62	26	44	19	21	16	28	13	24
标准电压（kV）	基准短路容量（MVA）	谐波次数及谐波电流允许值（A）											
		14	15	16	17	18	19	20	21	22	23	24	25
0.38	10	11	12	9.7	18	8.6	16	7.8	8.9	7.1	14	6.5	12

（3）功率因数诊断

设计人员在进行低压配电系统设计时，都会根据当地电力部门的要求进行功率因数补偿的计算，一般补偿后的功率因数不低于0.9，室内照明回路补偿后的功率因数一般能达到

0.95 以上。

对功率因数检测时应同时观察基波功率因数，对于基波功率因数的检测是为了判断是否有谐波存在，据此决定采用何种补偿方式，以达到最佳补偿效果。

功率因数检验分为初步检验和实测，初步检验应采用读取补偿后功率因数表的数值，读数值时间间隔为 1 min，读取 10 次取平均值；对初步判定为不合格的应采用直接测量的方法，宜与谐波测量同时进行，采用数字式智能化仪表在变压器出线回路进行测量；直接测量时间间隔为 3s（150 周期），测量时间为 24h，取其平均值。功率因数应不低于设计值；当设计无要求时应不低于当地电力部门规定值。

（4）电压偏差诊断

电压偏差诊断分初步诊断和测量。电压（380V）偏差初步判定采用读取变压器低压进线柜上电能表中三相电压数值的方法，电压（220V）偏差初步判定采用分别读取包含照明出线的低压配电柜上三相电压表数值的方法，读数值时间间隔为 1 min，各自读取 10 次取平均值；电压（220V）偏差检测数量为照明出线回路抽测 5%，最少 2 个回路。对初步判定为不合格的应采用直接测量的方法，电压（380V）偏差测量采用数字化智能化仪表在变压器出线回路进行，且宜与谐波测量同时进行；电压（220V）偏差测量采用数字化智能化仪表在照明回路断路器下端进行，直接测量时间间隔为 3s（150 周期），测量时间为 24h。电压（380V）偏差为标称电压的 ±7%，电压（220V）偏差为标称电压的 +7% ~ −10%。

3）分项计量电能回路用电量校核检验

建筑能耗包含电力、燃气、冷热量、水等，其中最大的消耗是电力消耗，用电分项计量是将计量技术应用到建筑能耗分析平台中，它与供配电设计中的计量有较大的区别，传统的供配电计量一是作为收费的依据，二是对大功率用电设备和回路进行电流监测，其目的是出于安全的考虑；而用电分项计量出于对能耗监测的需要，对各类用电设备进行监测，并且不作为收费的依据。《民用建筑节能条例》中第二章第十八条要求“公共建筑还应当安装用电分项计量装置”，明确提出了用电分项计量的要求。住房和城乡建设部 2008 年 6 月颁布了《国家机关办公建筑和大型公共建筑能耗监测系统》系列导则，共 5 本，对分项计量从能耗数据采集、传输、设计安装、信息中心建设及验收程序作出规定。

一般建筑电气专业在设计电工测量时是按照《民用建筑电气设计规范》（JGJ 16—2008）中对电气测量的要求进行设计的，其中规定应设置测量交流电流的回路包括：①配电变压器回路；②无功补偿回路；③10（6）kV 和 1kV 及以下的供电干线；④母线联络和母线分段断路器回路；⑤55kW 及以上的电动机；⑥根据使用要求，需监测交流电流的其他回路。以上监测回路的设置原则的依据是《电能计量装置技术管理规程》《电能计量柜》和《供用电营业规则》等，目的是为了保证电能计量量值的准确、统一和电能计量装置运行的安全可靠。而用电分项计量的目的是为了将不同种类用电设备的耗电量实时数据进行分类归纳，通过大量、长时间的数据积累，建立统一的用电数据模型和分析指标，进而对某一地区的建筑用电能耗进行合理分析，建立一个合理的用电指标，为政府的节能决策提供支持。对于安装了分项计量的业主，可以随时了解自己的电能消耗情况，还可以开展横向与纵向对比，如与其他同类匿名建筑的分项耗电进行比较，如果是拥有多处建筑的集团公司，既可以对比本集团内同地区同类建筑，也可以对比不同地区同类建筑的分项耗电差异。对本建筑进行过去几年与今年的分项耗电对比，清楚地了解自己的优势和差距，激励节能管理。对于节能服务公司来说，用电分项测量可以为节能改造的实际效果提供公正的评估，特别是能定量地区分每一项节能技术或管理措施的效果，作为节能服务公司与业主之间核定节能量的依据。

用电分项计量安装完成后的采集数据校核很重要，如果不进行采集数据的校核，容易造成耗电数据不准确，无法准确得知建筑改造前后节能量，也无法进行建筑耗电分析等工作。有功最大需量是衡量建筑内用电设备在需量周期内的最大平均有功负荷，一般电力公司取15min 为需量周期，有功最大需量的测量是为了进行节能分析，可以将它与气象参数进行对比分析。

3.3.2　照明系统节能诊断

1)照明节电率

改造区域的照明主回路均要求检测。照明主回路是指与建筑功能一致的主要照明回路，如建筑功能是办公，则照明主回路是指办公区的照明配电回路；建筑功能是宾馆饭店，则指客房标准层的照明配电回路；建筑功能是学校，则指教室、实验室的照明配电回路。

照明改造分为更换光源和综合改造，更换广源是最直接的改造方法，综合改造一般结合装修同步进行，无论哪种改造均需要对改造后照明系统节电率进行检验。

改造前后各进行一次检测，前后两次的照明使用情况应尽量相同，宜选择在非工作时间进行，因为测试时可能需要断开线路或切断线路上的其他用电设备。从区域配电箱中断开除照明外的其他用电设备电源，或关闭测试线路上除照明外的其他设备电源，开启所测回路上所有灯具，白炽灯需点燃 5min，荧光灯需点燃 15min，高强气体放电灯需点燃 30min，使光源的光输出达到稳定后开始测量；测试时间应不小于 2h，数据采样间隔应不大于 15min；使用0. 5 级单相电能表分别测试区域配电箱中各个照明回路改造前后的耗电量各 1 次。

按式(3-15)计算所测层或区域的照明总耗电量；按式(3-16)计算各层或区域的照明耗电量；按式(3-17)计算照明总耗电量。

$$e_n = \sum_{i=1}^{j} P_i \tag{3-15}$$

$$E_o = e_1 + e_2 + \cdots + e_n \tag{3-16}$$

$$E_1 = E_o + (e_{t_1} + e_{t_2} + \cdots + e_{t_n}) \tag{3-17}$$

式中：e_n——所测区域的照明总耗电量(kW · h)；

P_i——第 i 条照明回路耗电量(kW · h)；

E_o——层照明耗电量(kW · h)；

E_1——照明总耗电量(kW · h)；

e_{t_n}——特殊区域照明耗电量(kW · h)；

t_n——特殊区域编号。

照明系统节电率应按式(3-18)计算。当因故无法全部断开其他用电设备电源时，应记录未断开电源的其他正常工作设备功率和工作规律，在计算节电率时作为调整量 A 予以修正。

$$\eta = \left(1 - \frac{E'_z + A}{E_Z}\right) \cdot 100\% \tag{3-18}$$

式中：η——节电率（%）；

E_Z、E'_z——改造前后照明耗电量（kW·h）；

A——调整量（kW·h）。

照明节电率应仅测量照明负荷，其他负荷不应计入。改造前后灯具开启时间、工作规律等应尽量一致，当由于业主使用等原因不能满足一致条件时，则需要考虑调整量。调整量 A 是指节能改造前后照明变化情况、灯具数量偏差等。

2）照度值与功率密度值

根据房间使用功能的不同，按照表 3-5 对房间功能进行分类，检测后照度值与表内所对应的标准值偏差应在 ±10% 内。

房间功能分类与照度、功率密度值对照 表 3-5

建筑类型	房间或场所	功率密度（W/m²）		对应照度值（Lx）
		现行值	目标值	
居住建筑	起居室	7	6	100
办公楼	普通办公室	11	9	300
	高档办公室、设计室	18	15	500
	会议室	11	9	300
	多功能厅	18	15	300
	营业厅	13	11	300
商场	一般商店营业厅	12	10	300
	高档商店营业厅	19	16	500
	一般超市营业厅	13	11	300
	高档超市营业厅	20	17	500
宾馆饭店	客房	15	13	—
	大堂	15	13	300
	中餐厅	13	11	200
	多功能厅	18	15	300
	客房走廊	5	4	50
学校	教室、实验室等	11	9	300
	学校公寓	7	6	100
医院	治疗室、诊室	11	9	300
	化验室	18	15	500
	手术室	30	25	750
	候诊室、挂号厅	8	7	200
	病房	6	5	100
	护士站、重症监护室	11	9	300
	药房	20	17	500

室内照度值的检验方法应按照《室内照明测量方法》(GB 5700—1985)中的方法进行测量。照明标准值参照《建筑照明设计标准》(GB 50034—2013)第5章关于公共建筑各类设施的照明标准值的规定。

功率密度值检测应按照《建筑照明设计标准》(GB 50034—2013)第6章中对不同建筑不同房间或场所的划分原则,每类房间或场所至少抽取1个。

照明功率密度值应按式(3-19)计算。

$$\rho = \frac{P}{S} \tag{3-19}$$

式中:ρ——照明功率密度(kW/m^2);

P——实测照明功率(kW);

S——被检测区域面积(m^2)。

合格指标与判别方法应符合下列规定:照明功率密度应符合设计文件的固定;设计无要求时,应符合《建筑照明设计标准》(GB 50034—2013)的规定。

3)灯具效率检验

《灯具分布光度测量的一般要求》(GB/T 9468—2008)中规定了灯具光度测试的精度和误差、测试仪器和实验室条件、测试用光源和被测灯具的选择、测试方法和过程、测试报告。灯具效率的检测需要严格按照标准执行,否则得出的结论偏差较大。采用光度的相对测量法测试光源和灯具的光通量。按照光源相对光通量测量,测量每个光源的相对光通量,如果灯具内不止一个光源,则将测得的每个光源的相对光通量相加,得到裸光源的总相对光通量中光源。按照灯具光强的测量,测量灯具的光强分布后折算出灯具光通量中灯具,其比值即为灯具效率 η。灯具效率按式(3-20)计算,灯具效率合格指标见表3-6。

$$\eta = \frac{\phi_{光源}}{\phi_{灯具}} \cdot 100\% \tag{3-20}$$

灯具效率合格指标(%)　　表3-6

灯具出光口形式	开散式	保护罩		格栅	透光罩
		透明	磨砂、棱镜		
荧光灯灯具	75	65	55	60	—
高强度气体放电灯灯具	75	—	—	60	60

3.3.3　监测与控制系统

首先需要确定耗能大的设备和系统是否配置了自动控制系统,自动控制系统的现场设备是否运行正常。然后检查自动控制系统是否具备了基本的节能控制,以及是否具备关键数据记录、数据存储及能耗分析功能。

基本功能的检查,需要重点检查能耗高、工作时间长的设备自动控制功能和能耗计量分析功能,如对冷水机组、冷冻泵、冷却泵及冷却水塔的自动控制,是否采用了合理的控制策略,例如采用水泵变频控制,冷冻水变流量时最低流速是否满足冷机的安全要求,冷却水泵变流后水泵节省的电量与冷机效率之间的关系；变冷水机组出水温度设定值控制等；对采暖系统变流量控制等。

现场设备包含各种传感器，各种阀门及与之配套的执行器、变顿器等。判断方法为使用检测设备比对传感器数据，给出标准信号观察执行器的动作规律，结合运行管理部门的运行数据，分析监测与控制系统现场设备的运行情况。

第4章　公共建筑节能改造技术

建筑节能指的是在建筑物的生命周期内，通过有效的设计方法，合理地使用和利用能源，从而实现满足建筑舒适度和降低耗能两方面的要求的方法。在建筑运行期间，建筑能耗主要包括采暖能耗、空调制冷能耗以及室内照明耗能等。因此，对于降低建筑能耗途径而言，西方国家重点关注降低建筑采暖和制冷能耗。从建筑节能原则上来看，国外比较注重建筑热适度、采暖制冷能耗、节能环境效益以及经济成本四个方面的结合；而从建筑能耗降低途径上说、主要是提高建筑系统的热效率和围护结构的热量散失。从建筑建造年代上来看，主要包括新建建筑的节能设计与既有建筑的节能改造。我国的建筑耗能约占全社会耗能的30%～40%，与欧美建筑耗能的比例相差无几，可见建筑节能对我国的发展具有重要意义。

随着城市的不断扩张，人口不断增多，人们的文娱消费比例也在逐步升高。人们不仅不断地向上和向下两个方向索取空间，而且更注重对公共服务设施的需求。自20世纪90年代，我国的高层建筑建造数量迅速增加，尤其是公共服务建筑的建造数量，但是很少采用建筑节能技术，因此为了满足建筑节能目标的要求，需要对其进行建筑节能改造。本章主要从以下三个方面进行节能改造论述。

4.1　围护结构热工性能改造

《建筑工程建筑面积计算规范》(GB/T 50353—2005)中规定：围护结构是指围合建筑空间四周的墙体、门、窗等，构成建筑空间，抵御环境不利影响的构件(也包括某些配件)。围护结构分透明和不透明两部分：不透明围护结构有墙、屋顶和楼板等；透明围护结构有窗户、天窗和阳台门等。根据在建筑物中的位置，围护结构分为外围护结构和内围护结构。外围护结构包括外墙、屋顶、侧窗、外门等，用以抵御风雨、温度变化、太阳辐射等，应具有保温、隔热、隔声、防水、防潮、耐火、耐久等性能。内围护结构如隔墙、楼板和内门窗等，起分隔室内空间作用，应具有隔声、隔视线以及某些特殊要求的性能。围护结构通常是指外墙和屋顶等外围护结构。在节能改造中一般是对外围护结构进行建筑节能改造。

4.1.1　节能改造设计内容

(1)屋面保温隔热改造设计

屋面热量损失在围护结构热量散失中占有很大的比例，因此在建筑节能改造过程中需要着重考虑，以期提高其保温隔热性能。在屋面保温隔热设计过程中，应该尽量地选用热传导系数低的材料，才能满足高层建筑保温隔热性能的标准，达到提高屋面保温隔热性能的目的。同样地，也可以通过屋顶绿化、蓄水降温的方式，降低屋面温度。此外，结合自然通风降温的原理,设置架空式屋面,也可以起到保温隔热的性能。

(2)外墙保温隔热节能改造设计

夏季通过外墙传到室内的热量约占建筑物总热量的30%;而冬季通过外墙散失的热量占到围护结构散失热量的20%,所以建筑外墙的保温隔热在建筑节能改造设计中是较为重要的一环。由于传统墙体材料的传热系数较大,保温隔热性能较差,不宜在节能改造中再次使用。应该选用新型复合墙体材料,以及蓄热能力低、传热系数小的砌体材料,从而能够满足建筑物保温性能的标准。目前外墙结构在节能改造中常用的方法包括外保温、内保温、内外混合保温等,其中外保温方法最佳,传热系数能够达到0.5W/(m^2·℃)。

(3)遮阳设施节能改造设计

高层公共建筑遮阳能够起到降低室内太阳辐射得热与室内眩光的双重作用,能够同时提高室内的热湿舒适度与视觉舒适度。虽然建筑遮阳是一种传统的技能方法,但是其简单可行、成本低廉的特点受到建筑师的青睐。在建筑节能改造中,应该根据当地的气候特点、光照时长与特点,进行遮阳设计。

(4)阻断热桥机能改造设计

建筑热桥容易造成建筑物的冷量和热量的损失,甚至会造成局部地区出现凝结与霉变现象。既有的高层建筑很少注意到热量现象,造成室内的热量散失较为严重,因此在建筑节能改造中,应该阻断热桥,尤其是混凝土梁、门窗框、墙角区域、檐口等部位,从而提高房屋的保温隔热效果,降低热量损失。

(5)外门窗系统节能改造设计

在外围护热量损失中,约有50%~60%热量是通过门窗结构散失的,因此在高层建筑节能改造中应该加以重视。外门窗系统节能设计主要包括保温性能和气密性设计。从原则上讲,外门窗系统节能设计需要根据当地状况,从门窗的气密性、窗墙面积、门窗材料等方面加以控制,进而提高室内的热舒适度,并降低建筑能耗。

此外,在具体的节能材料选用中,主要是选择墙体及玻璃的材料。

4.1.2 墙体和玻璃材料的选择

(1)利用复合墙体,改善热工性能

国外在建筑围护结构改造方面,主要通过新型复合墙体,提高建筑物的保温隔热能力。复合墙体主要是在墙体表面覆盖张贴保温板,如纤维型增强聚苯乙烯、岩棉或玻璃棉等。按照保温板的张贴位置可以将墙体分为外围护墙体和内围护墙体。基于建筑节能改造中既有建筑的特点,可以知道建筑内部的功能较为齐全,这对内围护墙体的设置造成一定的不便;而外围护墙体对建筑内部空间装饰没有影响,而且能够美化建筑立面。从节能角度来看,外围护墙体能够减少热桥效应,提高建筑内温度,从而提高内部热舒适性。

外保温施工过程比较复杂,要求较高,保温材料风吹雨淋易吸潮损坏,而内保温较方便,但易发生结露现象,破坏保温材料的热性能。有一种混凝土砌块复合墙,它的总厚度310~330mm。其中190mm厚的部分是普通混凝土砌块结构层,它承担墙体的荷载;90mm厚的部分为构成墙的空腔或复合墙的墙材,如在室外为普通混凝土砌块或装饰砌块,如在室内可用砌块,也可用石膏板或其他轻质板材(用龙骨固定与结构层形成空腔)。两者之间的30~50mm间隙可以是空气间层,也可以填塞各种轻质隔热材料(如聚苯泡沫、膨胀珍珠岩及岩棉板,矿棉板等)。这种300~350mm厚复合墙的热阻值,随墙体夹层间隙中有无轻质绝热材料及轻质绝热材料的种类和厚度而异,一般可达到490~620mm厚黏土砖墙的热阻值。

(2)改变墙体材料,降低建筑能耗

以目前常采用的加气混凝土砌块外墙为例,其传热系数仅是普通黏土砖的25%,这是一种保能效果显著的墙体材料。其自重轻、保温好、构造简单、施工方便;防火性能好、造价适中,尤其适合高层建筑应用。

(3)窗户玻璃与建筑节能

窗墙面积比对建筑能耗影响很大(窗墙面积比指建筑某一个立面的窗户洞口面积与该立面的总面积之比)。因此从节能角度考虑,北向窗墙面积比应不大于0.20;东西向不大于0.25(单层窗)或0.30(双层窗)、南向不大于0.35。阳面,特别是东、西向窗户,应采用热反射玻璃,并采取各种固定式和活动式的遮阳措施。

目前,高层公共建筑窗户多采用单层铝合金窗,解决高效保温、节能窗的途径有增加玻璃层数等多种方法。如采用双层玻璃,其中一层内侧有保温镀膜,其保温效果约相当于三层玻璃;若将保温镀膜的聚酯薄膜紧绷在框架上,放在两层玻璃之间,则其传热系数$K=1.25$W(m^2·K),温镀膜的太阳光谱和可见光的透过率较高,而反射率较低,但对波长>2Sum的红外线则相反。此外,这种镀膜的发射率E值较低,可减少与室内环境之间的辐射换热、对保温较有利。

4.2 采暖通风及生活热水系统

4.2.1 冷、热源系统节能改造技术

公共建筑在进行冷、热源系统节能改造时,首先应充分挖掘现有设备的节能潜力,通过少量的投入来提高系统能效,达到满足需求的目的;在不能满足需求时,再考虑更换设备。与新建建筑相比,既有公共建筑更换冷热源设备的难度和成本相对较高,因此公共建筑的冷热源系统节能改造应以挖掘现有设备的节能潜力为主。压缩机的运行磨损、易损件的损坏、管路的脏堵、换热器表面的结垢、制冷剂的泄漏、电气系统的损耗等会导致机组运行效率降低。以换热器表面结垢、污垢系数增加为例,其可能影响换热效率5%~10%,结垢情况严重则甚至更多。不注意冷、热源设备的日常维护保养是机组效率衰减的主要原因,建议定期(每月)检查机组运行情况,至少每年进行一次保养,使机组在最佳状态下运行。在充分挖掘现有设备节能潜力的基础上,仍不能满足需求时,再考虑更换设备。设备更换之前,应对目前冷热源设备的实际性能进行测试和评估,并根据测评结果,对设备更换后系统运行的节能性和经济性进行分析,同时还要考虑更换设备的可实施性。只有同时具备技术可行性、改造可实施性和经济可行性才考虑对设备进行更换。

冷热源系统改造,应根据原有冷热源运行记录,进行整个供冷、供暖季负荷的分析和计算,确定改造方案。运行记录是反映空调系统负荷变化情况、系统运行状态、设备运行性能和空调实际使用效果的重要数据,是了解和分析目前空调系统实际用能情况的主要技术依据。改造设计应建立在系统实际需求的基础上,保证改造后的设备容量和配置满足使用要求,且冷热源设备在不同负荷工况下,保持高效运行。目前,由于我国空调系统运行人员的

技术水平相对较低、管理制度不够完善，运行记录的重要性并未得到足够重视。运行记录过于简单、记录的数据误差较大、运行人员只是简单地记录数据，不具备基本的分析能力，不能根据记录结果对设备的运行状态进行调整是目前普遍存在的问题。针对上述情况，各用能单位应根据系统的具体配置情况进行详细的运行记录，通过对运行人员的培训或聘请相关技术人员加强对运行记录的分析能力，定期对空调系统的运行状态进行分析和评价，保证空调系统始终处于高效运行的状态。

公共建筑的冷热源进行更新改造时，应在原有采暖、通风、空调及生活热水供应系统的基础上根据改造后建筑的规模、使用特征，结合当地能源结构以及价格政策、环保规定等，经综合论证后确定。

冷水（热泵）机组的容量与系统负荷不匹配时，在确保系统安全性、匹配性及经济性的情况下，宜在原有冷水（热泵）机组上，增设变频装置，以提高机组的实际运行效率。在对原有冷水（热泵）机组进行变频改造时，应充分考虑变频后冷水（热泵）机组运行的安全性问题。另外，变频冷水（热泵）机组的价格要高于普通的机组，所以改造前，要进行经济性分析，只有在合理的情况下，才进行改造。

1）集中制冷系统的运行节能和改造方法

制冷机消耗电、蒸汽、热水或燃气，产生冷冻水。各种类型的制冷机组，其节能方法不同，本节只针对典型的集中制冷设备，介绍一些共性的节能方法。

（1）尽量多运行最高效的制冷机组

很多制冷系统包括有多个制冷机组，这些制冷机组的性能参数和效率可能不尽相同。这可能是由于设计的选型不同，也可能是由于使用时间不同或运行操作存在问题产生了个别机组的性能衰减。也可能有的制冷机组在高负荷率的状态下效率很高，而另外的机组在低负荷率下效率较高。这时，应该尽量在一定的负荷率下多运行此时效率最高的机组，这不但可能产生明显的节能效益，同时也能在一定的输入功率下，提供更高的制冷量。

随着制冷机使用时间的增加，其性能下降的程度也不相同，同制造商提供的数据相比，机组效率的下降可能在0～20%之间。因此，先对各制冷机的效率进行测试是非常重要的。

制冷机的性能可以通过测量制冷量和输入功率获得。制冷量可以通过测量冷冻水的供、回水温差和流量获得。其中，流量的测量非常重要，绝对不能假设其与设计流量相同，而要采用超声波流量计进行精确的测定。

测量供、回水温度时，尽量要采用同一传感器，或同一类的传感器。1℃的测量偏差就可能导致制冷量相差20%，因此测量的准确性和精度非常重要。如果是采用旧的仪表，则测量前要进行标定。

测量功率时，要直接采用功率表测量功率消耗的真实值，而不能采用设计电流的百分比来替代。当制冷机负荷不同时，功率因数相差很大。在部分负荷时，功率分数往往大大小于电流分数。如果采用制冷机面板上的功率读数，需要确认它显示的是功率表测得的真实功率。

得到供回水温差及流量后，可以计算每一台制冷机的能效比。

另外，需要记录一些其他必要的参数，如冷却水的供回水温度和流量，当比较各制冷机时，要保证它们的这些参数是相同的。

(2)重新设定供水温度

提高供水温度可以明显地降低制冷机的电耗。

供水温度的重设值可以根据冷负荷或室外温度进行,当冷机负荷率从100%降至40%时,供水温度可以比设计值提高3℃左右。

可以采用BAS(建筑设备自动化系统,Building Automation System)来控制供水温度重设值,也可以根据每天的最高温度,手动重设定每天的供水温度。

需要注意的是,对供水温度的重新设定可能会提高变流量(变频)系统的二次泵耗,因此,在实施温度重新设定前,二次泵流量应当小于设计值的60%。

另外,提高供水温度后,设备的除湿能力下降,因此,在室外空气含湿量较大时,不应进行供水温度重设定。

(3)重新设定冷却水回水温度

降低冷却塔的回水温度也可以明显地降低制冷机的电耗。

冷却塔的回水温度需要根据天气条件设定。

冷却塔的回水温度最小不能低于室外湿球温度3℃左右,这样可以减少冷却塔的风机能耗。

根据不同的制冷机组特性,冷却水回水温度不能过低,冷却水回水温度的确定需要制造商提供相关特性数据。

可以采用BAS来控制冷却塔回水温度重设值,也可以根据每天的最高温度(最好是湿球温度),手动重设定。

(4)提高冷却水回水温度

与提高冷冻水供水温度相似,提高冷冻水的回水温度也可以明显地降低制冷机的电耗。同时,由于增加了供、回水温差,它也可以大大降低二次泵的电耗。采用下列方法可以增加冷冻水的回水温度:

关闭三通阀。既有系统中的末端常设置三通阀,在部分负荷工况下,由于旁通流量的增加,末端阻力降低,冷冻水流量可能会高于设计流量。当采用一/二次泵系统或变流量系统时,三通阀的旁通侧可以关闭。而当采用一次泵系统时,有的三通阀也可以关闭。关闭的数量取决于制冷机所允许的最小流量。

解决水力平衡问题。也可以有效地提高回水温度。

优化冷冻水环路的压差设定值。通常,压差设定值会偏高,这会导致控制阀失灵,回水温度大大偏低。

提高冷冻水的回水温度往往比提高供水温度更重要,节能收益更大。供水温度比设计值提高3℃左右往往都很困难,但通过水力平衡、关闭三通等方法,回水温度一般都可能提高4℃左右。

(5)在部分负荷时采用变流量

典型的冷冻水系统采用一/二次泵环路。一次泵与制冷机一一对应,制冷机开启时,相应一次泵开启。这种模式下制冷机的冷冻水流量一直维持在设定值。当二次泵流量减小时,一些冷冻水从旁通管中旁通,流回制冷机。这会使一次泵的耗电量增加,并降低回水温度,使制冷机的能耗增加。

一般认为，为了制冷机的运行安全，通过蒸发器的流量应保持恒定。但实际上，新型的制冷机的蒸发器侧的安全流量最小都可以比额定流量小 30%。而如采用以下措施，大部分的既有制冷机都可以做到额定流量的 50%。

首先调整流量开关。制冷机的控制器一般根据流量开关信号来启闭制冷机，既有制冷机的流量开关一般是流量达到设计流量时触发，所以首先要对流量开关的触发值进行调整。

调整所有水泵和电动阀的启动/关闭控制周期，使其不小于 60s，这可以减少流量突然改变的情况。对比较旧的制冷机（控制周期缓慢）这点尤其重要。

可以通过以下措施来改变制冷机的流量：

①测量每个制冷机所允许的最小流量 G_{min}。缓慢地调节蒸发器流量，直到制冷机停机保护或流量降至设计流量的 30%。这个临界流量定义为制冷机所允许的最小流量。在测量期间，供、回水温度应保持在设计温度，为了防止污垢沉积或换热器效率下降，蒸发器流量不能低于额定流量的 30% 或更高。

②如果二次泵流量大于 G_{min}，关闭旁通管上的阀门，二次泵变频。

③如果二次泵流量小于 G_{min}，调节旁通阀，使蒸发器流量维持在 G_{min}。

④蒸发器变流量运行可以大大降低泵耗。同时，与采用压差旁通的定流量系统相比，由于蒸发器进水温度有所提高，蒸发器流量运行也可以提高制冷机的能效比。

（6）优化制冷机的分阶段调节策略

对于多数制冷机来说，当负荷率从 40% 到 80% 变化时，COP 值会有所提高。当负荷率过低时，制冷机的冷量调节装置会降低制冷机的效率，而当负荷率适合时，调节装置的效率会达到较高值，同时蒸发器和冷凝器的换热效率相对较高，所以制冷机的整体效率也达到较高值。当制冷机满负荷工作时，蒸发器和冷凝器的换热效率会有所降低，因此制冷机效率不能达到最高。尽量让制冷机在高效区运行，可以带来显著的节能收益，同时也提高了制冷机的可靠性。优化制冷机的分阶段调节策略可以通过以下措施来实现：

①测量和了解各制冷机的高效负荷率区间。这些数据可以通过制冷机制造商获得，一般来说，制冷机最高效的负荷在额定制冷量的 50% ~70%。同时，对于整个制冷系统来讲，冷冻水泵与冷却塔风扇的效率也不是满负荷运行最高。

②优先开启效率高的制冷机，同时据此优化水泵和风机的运行。

③调整制冷机的开启台数，使每台制冷机尽量在高效区内运行（假设旁通管上阀门为关闭状态）。

④如旁通阀不能关闭时，单台制冷机的负荷率应控制在 50% 以上，这时，开启过多的制冷机会使一次泵的能耗增加，甚至超过制冷机的节能量。

⑤如果冷冻水为一次泵系统，在部分负荷下要同时考虑一次泵的电耗。

（7）保持良好的运行状态

遵照制造商的运行操作要求是非常重要的。同时，一些温度、压力传感器以及流量开关的定期校正也很重要，其中，温度传感器的准确适度对保持运行效率非常重要。控制参数应该合理设置，尤其是时间延迟参数。

2）集中供热系统自动调节供热量装置

集中供热能源浪费并不是主要浪费在严寒期，而是在初寒期和末寒期，由于没有根据气候变化调节供热量,造成能源大量浪费。供热量自动控制装置能够根据负荷变化自动调节供水温度和流量,实现优化运行和按需供热。

热源处应设置供热量自动控制装置,通过系统热特性识别和工况优化程序,根据当前的室外温度和前几天的运行参数等,预测该时段的最佳工况,实现对系统用户侧的运行指导和调节。

气候补偿器是供热量自动控制装置的一种,比较简单和经济,主要用在热力站。它能够根据室外气候变化自动调节供热出力,从而实现按需供热、大量节能。气候补偿器还可以根据需要设成分时控制模式,如针对办公建筑,可以设定不同时间段的不同室温需求,在上班时间设定正常供暖,在下班时间设定值班供暖。结合气候补偿器的系统调节做法比较多,也比较灵活,监测的对象除了用户侧的供水温度之外,还可能包含回水温度和代表房间的室内温度,控制的对象可以是热源侧的电动调节阀,也可以是水泵的变频器。

3)水环热泵空调系统

(1)水环热泵空调系统的组成及工作原理

水环热泵空调系统最早出现在20世纪美国的加利福尼亚州,因此又叫加利福尼亚系统。它是指小型的水/空气热泵机组的一种应用方式,即用水环路将小型的水/空气热泵机组并联在一起,形成一个封闭环路,构成一套以回收建筑物内部余热作为其低品位热源的热泵供暖、供冷的空调系统。典型的水环热泵空调系统由三部分组成:

①室内的小型水/空气热泵机组。

②水循环环路。

③辅助设备(如冷却塔、加热设备、蓄热装置等)。

水环热泵空调系统的基本工作原理是:在水/空气热泵机组制热时,以水循环环路中的水为加热源;机组制冷时,则以水为排热源。当水环热泵空调系统制热运行的吸热量小于制冷运行的放热量时,循环环路中的水温度升高,到一定程度时利用冷却塔放出热量;反之,循环环路中的水温度降低,到一定程度时通过辅助加热设备吸收热量。只有当水/空气热泵机组制热运行的吸热量和制冷运行的放热量基本相等时,循环环路中的水才能维持在一定的温度范围内,此时系统高效运行。

(2)水环热泵空调系统的特点

①水环热泵空调系统的优点。

a.水环热泵空调系统具有回收建筑内余热的功能,系统节能效果好。水环热泵空调系统将内区产生的余热转移到周边外区,在对内区供冷的同时对周边区供热,减少了冷热量抵消所造成的能量浪费,在充分利用余热的同时节约了能源。

水环热泵空调系统春秋季节运行时,系统部分区域制冷、部分区域制热,供冷机组排出的热量可作为供热机组所需的热量,整个循环水系统基本处于热平衡状态,既不需要外加热量也无热量排出,无须开动加热设备或冷却塔,减少其运行时间,达到节能的目的。当冬季运行时,内区需要供冷的房间,空调冷凝热加热循环水,由循环水加给周边需要供热的房间,其不足部分再开动加热设备加以补充,从而减少能耗。

水环热泵空调系统的节能性还表现在部分负荷的节能上。对于空调建筑,全年仅有大约5%的时间在设计负荷下运行,其余大部分时间均处于部分负荷运行状态,传统的集中式制冷、制热系统部分负荷运行时,系统效率下降,能耗增加。而水环热泵空调系统是由单个的水源热泵机组组成的,且分散在各个房间,在部分负荷时只有所需房间的热泵机组和循环水运行,系统部分负荷的实际运行效率高。

b. 水环热泵空调系统的水循环环路为两管制系统,可以实现同时供冷供热,相对于常规四管制风机盘管系统而言,节省了管道系统的初投资费用。

c. 由于水循环环路中的水温在常温范围内,与其环境温度的温差不大,同时,因为减少了输配过程中的冷热耗散等损失,环路的热损失也比常规空调系统要小得多。相关研究表明,与常规空调系统相比,水环热泵空调系统仅管道热损失减少这一项,节能效率约为8% ~ 15% 。而且,由于水循环环路管道可不设保温和防潮隔湿,还能减少保温层及其他的一些材料费用。

d. 节省机房面积,系统布置紧凑、简洁和灵活。水环热泵空调系统是由单个的水源热泵机组组成的,机房内仅设置水泵等附属设备,大大节省了机房面积。水源热泵机组分散在各个房间,房间内的用户可以根据室外温度的变化和各自不同的要求,在一年内的任何时间随意进行房间里的供暖或供冷的调节,而不会影响到其他房间的温度。由于便于调节也不会出现房间过冷、过热等情况,既避免了常规空调系统的能源浪费,又营造了良好的室内环境。同时,室内的小型水/空气热泵机组也便于分户计量和分户收费,利于用户节约用电。水环热泵空调系统中的小型水/空气热泵机组可以根据需要分期投资、分批建设,甚至可以在用户入住前逐层安装,其投资回报效益高、见效快。

②水环热泵空调系统的缺点。

a. 从系统应用方面来看,只有当建筑物内区有大量余热且周边区需要供热,才能通过水环热泵空调系统将建筑物内区的余热转移到需要热量的周边区,从而达到回收建筑物余热、节约能源的目的。当建筑物内部负荷不大,建筑物的余热量较小时,采用水环热泵空调系统,则势必要增设辅助热源,致使其不能充分发挥原有的一些优点。

b. 从设备这个方面来看,小型水/空气热泵机组的制冷性能系数 COP 远小于大型冷水机组,而且在相同制冷量条件下价格比其他型式的主机来讲也偏高。

c. 由于热泵机组直接安装在室内,因此在设计时,必须考虑热泵机组的噪声问题。.

(3)水环热泵空调系统的适用范围

从水环热泵空调系统的节能性可以看出,水环热泵空调系统并不是在任何情况下都适用。对于某一特定建筑,必须根据建筑物的冷热负荷曲线、使用情况、建筑物功能、所处环境等诸多因素综合评价使用该系统是否节能、经济上是否合理。一般来说,在符合下列条件的情况下,可考虑采用水环热泵空调系统。

①建筑物内有低品位废热可供利用。

②从地理位置看,适用于冬季不太冷的地区。

③从建筑规模看,建筑物体形大,有明显的内区和外区的划分,同时需要制冷和制热,而且排出的热量与需要的热量相近时最合适。

④需要独立计量,个别区域经常需在夜间或假日独立使用的建筑。

⑤适用于冬季内区热负荷较大的商场与办公楼,可利用内区热负荷来抵消外区热负荷,时间越长、数量越大、经济性能越好。

⑥冷热源机房空间有限，且以出租为主的办公楼及商业建筑。

(4)应用中应注意的问题

水环热泵机组选择时，应参照《公共建筑节能设计标准》(GB 50189—2015)、《地源热泵系统工程技术规范》(GB 50366—2005)、《水源(地)热泵机组》(GB/T 19409—2013)等国家相关标准选用COP值较高的热泵机组即效率高的水泵等相关产品。

①合理选择水环热泵空调系统的应用场所，充分体现出它的节能和环保效益。

众所周知，水环热泵空调系统是回收建筑物内余热的系统，它的节能效果和环保效益是与气象条件、建筑特点及辅助热源形式等因素有关的。而我国地域辽阔，东西地区、南北地区气象条件差异很大。各地实际的建筑形式与特点也各不相同。那么，在什么样的场合里选用水环热泵空调系统才能收到最佳的节能效果和环保效益呢？这是我们应用水环热泵空调系统时，首先要注意的第一个问题。

②引入外部低温热源，拓宽水环热泵空调系统的应用范围。

通过分析水环热泵空调系统的运行特性可知，只有当建筑物内区有大量余热且周边区需要供热时，才能通过水环热泵空调系统将建筑物内区的余热转移到需要热量的周边区，从而达到回收建筑物余热、节约能源的目的。但是，我国的各类建筑物内部负荷不大，建筑物的内区面积又小，因而建筑物的余热量也较小。解决这个问题的途径，就是由建筑物的外部引进低温热源，以替代建筑物内的余热量。太阳能、水(地表水、井水、河水等)、土壤、空气均可作为水环热泵系统的外部能源。哈尔滨工业大学提出一种空气/水热泵与水/空气热泵耦合双级热泵供暖系统。该系统在寒冷地区，用空气源热泵冷热水机组制备10 ~20℃的低温水，通过水环路送至室内各个水/空气热泵机组中，水/空气热泵再从水中吸取热量，直接加热室内空气，达到供暖目的。总而言之，需要通过廉价的辅助热源来解决建筑物内余热不足的问题，拓宽水环热泵空调系统的应用范围。

③采用混合系统，提高水环热泵空调系统的节能效果和环保效益。

前面已经指出，小型水/空气热泵机组的制冷性能系数远小于大型冷水机组的制冷性能系数。若建筑物内区较大，全年要求供冷的话，这意味着内区的水/空气热泵机组将全年按制冷工况运行。如何提高这部分系统供冷的经济性是设计中值得注意的问题。所谓混合系统是指水/空气热泵机组同其他空调设备(如冷水机组、单元柜式空调机等)共同组合而成为一个统一的水环热泵空调系统。

离心式冷水机组的水环热泵混合系统对于固定的或大量的冷负荷场所(如大型办公楼的内区)选用大型离心式冷水机组进行全年供冷，这样提高了系统供冷时的效率，使系统供冷时比小型水/空气机组供冷时节约大量的运行能耗，从而使整个系统更有节能和环保意义。而对于既有冷负荷又有热负荷的周边区，设置水/空气热泵夏季供冷，冬季供暖。系统在冬季运行时，大型离心式冷水机组的冷凝热排入水环热泵的水环路中，作为周边区水/空气热泵的低温供暖源，保持了水环热泵空调系统回收建筑物内余热的基本特点，节省了周边区供暖的高位能。同样，为了提高系统运行的经济性，在建筑物内区设置单元式空调机组(水冷)，向内区供冷，而周边区设置水/空气热泵机组，向周边供冷或供热，也是一种值得注意的混合系统形式。

④针对水环热泵机组噪声高的缺点，设计及施工过程中应特别注意做好消声、隔振措

施。对于噪声要求严格的空调房间，可考虑采用分体式热泵机组。

⑤采用水环热泵系统时，应特别解决好水力平衡问题，保证环路内各台机组循环水量满足设计要求。

4）地源热泵技术

地源热泵系统是一种以浅层地热能资源（指蕴藏在浅层岩土体、地下水或地表水中的热能资源）为低位热源，利用热泵技术，既可供热又可供冷的可再生能源应用系统。在冬季，把蕴藏在浅层岩土体、地下水或地表水中的热能"取"出来，通过水源热泵机组提高温度后，供给室内采暖；夏季，通过水源热泵机组，把室内的热量释放到地下去。

地热能一般可以归结为两类，传统深层地热能和浅层地热能。

传统深层地热能是由地壳抽取的天然热能，这种能量来自地球内部的熔岩，并以热力形式存在，是引致火山爆发及地震的能量。地球内部的温度高达7000℃，而在80～100km的深度处，温度会降至650～1200℃。运用地热能最简单和最合乎成本效益的方法，就是直接取用这些热源，并抽取其能量。

传统的地热能的利用可分为地热发电和直接利用两大类，而对于不同温度的地热流体可能利用的范围如下：

①200～400℃直接发电及综合利用。

②150～200℃双循环发电、制冷、工业干燥、工业热加工。

③100～150℃双循环发电、供暖、制冷、工业干燥、脱水加工、回收盐类、罐头食品。

④50～100℃供暖、温室、家庭用热水、工业干燥。

⑤20～50℃沐浴、水产养殖、饲养牲畜、土壤加温、脱水加工。

为了提高地热利用率，可以采用梯级开发和综合利用的办法，如热电联产联供、热电冷三联产、先供暖后养殖等。

浅层地热能其能量主要来源于太阳辐射和地球梯度增温，温度较低，但开采成本和技术要求相对也低，且不受地理环境的影响。与深层地热相比，浅层地热能分布广泛、储量巨大、再生迅速、采集方便、开发利用价值更大，特别适合于建筑物的供暖与制冷，因而受到了暖通空调及节能行业越来越多的关注。

浅层地热能广泛存在于地球浅表层小于400m的巨大恒温带中，土壤温度相对恒定，几乎不受环境气候变化的影响，如北京地区浅表层年平均温度为13～15℃，其能量主要来源于太阳辐射和地球梯度增温。浅层地热能资源的单向提取是非常有限的，采用热泵技术对浅层地热能资源的应用，更多的是利用地球浅表层作为蓄热载体，冬季通过水源热泵机组蓄存冷量，供夏季制冷冷却使用；夏季通过水源热泵机组蓄存冷凝热，供冬季采暖用。因此，地源热泵系统是一种低位热能的回收利用系统。

地源热泵系统是可再生能源的应用形式之一，属于清洁能源的一种形式。在目前全球面临能源危机和环境污染日益严重的形势下，有效利用低品位热能，具有重大的节能效果、经济效果和环保效果，是使低品位热能资源化的一种技术，它对提高人们的生活水平、促进经济的快速发展和推动社会的进步具有重大的战略意义。

采用地源热泵系统，可以代替部分传统能源（如煤、石油等）的使用，从而抑制能量消耗，使城市能量消耗分散化和合理配置得以实现，提高了城市能量的有效利用。

(1)地下水源热泵系统

也就是通常所说的深井回灌式水源热泵系统。通常建造抽水井群将地下水抽出,经过二次换热或直接送至水源热泵机组,提取热量或释放热量后,由回灌井群灌回地下。适用于地下水资源丰富,且回灌条件好的区域。地下水源热泵系统其最大优点是投资少,机组运行效率高,占地面积少,因此是目前地源热泵系统应用最多的一种形式,也是存在争议最多的一种形式。地下水源热泵系统应用的关键是必须解决好地下水可靠回灌问题,同时不能造成地下水质的污染。

(2)土壤源热泵系统

又称地埋管热泵系统,以大地作为热源和热汇,热泵的换热器埋于地下,通过中间介质(通常为水或者是加入防冻剂的水)作为热载体,使中间介质在地热交换器的封闭环路中循环流动,从而实现与土壤进行热交换的目的。

根据地下热交换器的布置形式,主要分为垂直埋管、水平埋管两类。

垂直埋管换热器通常采用的是单 U 形或双 U 形方式,按其埋管保度可分为浅层(<30m)、中层(30~100m)和深层(>100m)三种。埋管深,地下岩土温度比较稳定,钻孔占地面积较少,但相应带来钻孔、钻孔设备的经费和高承压埋管的造价提高。总的来说,垂直埋管换热器热泵系统的优势在于:①占地面积小;②土壤的温度和热特性变化小;③需要的管材少;④能效比很高。而劣势主要在于造价偏高。

水平埋管换热器有单管、多管、蛇形埋管等形式。其优点是安装费用比垂直式埋管系统低,应用广泛,使用者易于掌握,其缺点是占地面积大。其中单管水平换热器占地面积最大,虽然多管、蛇形水平埋管换热器占地面积有所减少,但管长应相应增加以补偿相邻关键的热干扰。除需要较大场地外,水平埋管换热器系统的劣势还在于:运行性能不稳定;系统效率降低。

(3)地表水源热泵系统

通过直接抽取或者间接换热的方式,利用包括江水、河水、湖水、水库水以及海水作为热泵冷热源。目前应用较多的是开式地表水源热泵系统,即直接抽取地表水流经水源热泵机组或中间换热器进行热交换的系统。

地表水源热泵系统应用应特别注意解决好系统水质的处理问题,避免堵塞与腐蚀;优化取水口和排水口的设置;当水源远离用户时,应对长距离输送的经济性进行论证。

5)空气源热泵系统

空气源热泵以空气中的能量作为主要动力,通过少量电能驱动压缩机运转,实现能量的转移,无须复杂的配置、昂贵的取水、回灌或者土壤换热系统和专用机房,能够逐步减少传统采暖给大气环境带来的大量污染物排放,保证采暖功效的同时实现节能环保的目的。具有使用成本低、易操作、采暖效果好、安全、干净等多重优势。

空气源热泵主要应用于三个方面:空气源热泵地暖、空气源热泵中央空调和空气源热泵热水器。

空气能(源)热泵地暖利用空气中的低品位热能经过压缩机压缩后转化为高温热能,将水温加热到不高于60℃(一般的水温在35~50℃),并作为热媒在专用管道内循环流动,加热地面装饰层,通过地面辐射和对流的传热使地面升温,热量从建筑物地表升起,使整个室内空间的温度均匀分布，没有热风感，有利于保持环境中的水分，提高人体舒适度。将空气中的热量搬运到室内采暖，比电地暖省电 75%，24h 全天候供暖，并且易于安装，埋在地下，不占据室内空间，并能搭配不同的装潢风格，还能满足家用和商用等多种需求。

空气能(源)热泵中央空调通过从室外免费获取大量空气中的热量，再通过电能，将热量转移到室内，实现 1 份电力产生 3 份以上热量的节能效应，效率高，没有任何污染物排放，不会影响大气环境，为业主和开发商选择方便、节能、高效的中央空调提供了良好的选择。

空气能(源)热泵热水器是在普通热水器中装载空气能(源)热泵，把空气中的低温热量吸收 进来，经过 压缩机压缩后转化为高温热能以此来 加热水温。传统的电热水器和燃气热水器是通过消耗燃气和电能来获得热能，而空气能(源)热水器是通过吸收空气中的热量来达到加热水的目的，在消耗相同电能的情况下可以吸收相当于 3 倍左右电能产生的热能来加热水，而且克服了太阳能热水器阴雨天不能使用及安装不便等缺点，具有高安全、高节能、寿命长、不排放有毒有害气体等诸多优点。

空气能(源)热泵热水器具有高效节能的特点，在制造相同的热水量的前提下，空气能(源)热水器消耗费用仅为电热水器的 1/4，甚至比电辅助太阳能热水器能效更高。

6)太阳能利用技术

太阳内部进行的由“氢”聚变成“氦”的原子核反应，不停地释放出巨大的能量，并不断向宇宙空间辐射能量，这种能量就是太阳能。

太阳内部的这种核聚变反应可以维持几十亿至上百亿年的时间，太阳向宇宙空间发射的辐射功率为 3.8×10^{23}kW，其中二十亿分之一到达地球大气层。到达地球大气层的太阳能 30% 被大气层反射，23% 被大气层吸收，其余的到达地球表面，其功率为 8×10^{13}kW 。

我国太阳能资源丰富，理论储量每年达 1.7 万亿吨标准煤，与同纬度其他国家相比，与美国相近，比欧洲、日本优越得多。根据太阳辐照量的不同，可将我国划分为四类地区，详细分类见表 4-1。

中国太阳能资源区划表 表 4-1

等级	太阳能条件	年日照时数(h)	水平面年太阳辐射量[MJ/(m^2·年)]	地区
一	资源丰富区	3200～3300	>6700	宁夏北、甘肃西、新疆东南、青海西、西藏西
二	资源较富区	3000～3200	5400～6700	冀西北、京、津、晋北、内蒙古、宁夏南、甘肃中东、青海东等
三	资源一般区	2200～3000	5000～5400	鲁、豫、冀东南、晋南、新疆北、吉林、辽宁、云南、陕北等
		1400～2200	4200～5400	湘、桂、赣、江、浙、沪、皖、鄂、闽北、粤北、陕南、黑龙江
四	资源贫乏区	1000～1400	<4200	川、黔、渝

(1)太阳能利用技术特点

①分布广泛。虽然由于纬度的不同、气候条件的差异造成了太阳能辐射的不均匀，但相

对于其他能源来说，太阳能对于地球上绝大多数地区具有存在的普遍性，可就地取用。这就为常规能源缺乏的国家和地区解决能源问题提供了美好前景。

②储量巨大。太阳每秒钟放射的能量大约是 1.6×10^{23} kW，其中到达地球的能量高达 8×10^{13} kW，相当于 6×10^{9} 吨标准煤。按此计算，一年内到达地球表面的太阳能总量折合标准煤共约 1.892×10^{16} 亿 t，是目前世界上主要能源探明储量的 1 万倍。太阳的寿命至少尚有 40 亿年，相对于人类历史来说，太阳源源不断供给地球的时间可以说是无限的。相对于常规能源的有限性，太阳能具有储量的“无限性”，取之不尽、用之不竭。这就决定了开发利用太阳能将是人类解决常规能源匮乏、枯竭的最有效途径。

③清洁环保。太阳能作为一种清洁可再生能源，在利用时，不像化石燃料那样在获取能源和产生电力的同时，排放大量的 CO_2，SO_2、NO_x、粉尘等燃烧产物，对环境造成严重污染。

④利用的经济性。可以从两个方面看太阳能利用的经济性。一是太阳能取之不尽、用之不竭，而且在接收太阳能时不征收任何“税”，可以随地取用；二是在目前的技术发展水平下，有些太阳能利用已具经济性，如太阳能热水器一次投入较高，但其使用过程不耗能，太阳能热水器已具有很强的竞争力。随着科技的发展以及人类开发利用太阳能技术的突破，太阳能利用的经济性将会更明显。

⑤需要常规辅助热源或辅助冷源。太阳能虽然取之不尽、用之不竭，但具有不稳定的特点，通常太阳热能不可能大量储存，因此，太阳热能利用系统，除设有必要的蓄热水箱外，还需要设置常规的热源或冷源，保证没有太阳能时，供热空调系统能正常运行。

（2）太阳能热利用系统

太阳能热利用系统包括太阳能热水系统、太阳能供热采暖系统及太阳能空调系统。

太阳能热水系统是利用太阳能加热生活热水，是目前太阳能热利用最普遍的一种形式，也是经济效益最好的一种太阳能利用方式。按照太阳能热水系统的实际用途，有适于家庭使用的小容量太阳能热水系统（通常称之为太阳能热水器）和为住宅、大型浴室及商务使用集中提供热水的太阳能热水系统。太阳能热水器只是容水量比较小，一般不大于 600L，在市场上面向单个家庭生产和销售，用户可以直接购买、安装；集中供热水的太阳能热水系统的容水量一般大于 600L，因为其系统复杂、必须与建筑结合等，而要纳入工程建设的流程，按照建筑工程设备的要求进行设计、施工和验收。

太阳能采暖系统是利用太阳能供给建筑物冬季采暖，又可以供给建筑物全年其他用热的系统，根据《太阳能供热采暖工程技术规范》（GB 50495—2009），太阳能供热采暖系统的太阳能保证率，对于短期蓄热系统，可以取 10% ~30%；对于季节蓄热系统，可以取 20% ~40%。

太阳能空调系统制冷的类型可分为太阳能吸收式、吸附式、除湿式、蒸汽压缩式和蒸汽喷射式制冷等类型。由于自然条件下的太阳能辐照密度不高，太阳能集热器总面积与空调建筑面积的配比受到限制，太阳能空调系统目前尚只适用于层数不多的建筑。

（3）太阳能光伏发电

将太阳能通过太阳能电池转换为电能的发电系统称为太阳能光伏发电系统。工程上广泛使用单晶硅、多晶硅太阳能电池，生产工艺成熟，价格相对较低，目前已进入大规模产业化生产阶段。

太阳能光伏发电系统一般由太阳能电池板、太阳能控制器、蓄电池组、直流－交流逆变器和交流配电设备等组成。其中太阳能电池板是太阳能光伏发电系统中的核心部分，其利用半导体的光伏效应把光能直接转换为电能，送往蓄电池中存储起来或推动负载工作。太阳能控制器控制着整个系统的工作状态，并对蓄电池起到过充电保护、过放电保护的作用，在温差较大的地方，合格的控制器还应具备温度补偿的功能。蓄电池（组）是太阳能转换成电能后储存电能的装置。

太阳能光伏系统的运行方式，主要可分为离网运行和并网运行两大类。未与公共电网相连接的太阳能光伏系统称为离网系统，如单独提供照明、基本生活用电等的系统。与公共电网相连接的太阳能光伏系统称为并网系统，它是太阳能光伏进入大规模商业化发电阶段、成为电力工业组成部分之一的重要方向，特别是光伏电池与建筑相结合的并网屋顶发电系统，发展潜力巨大。

4.2.2 水输配系统节能改造技术

水泵在整个空调系统中，是耗能大户。据调查，在国内很多空调系统中，水泵的能耗约占整个空调系统能耗的25% ~30%。造成水泵能耗偏高主要有两方面的原因：一方面是设计选型偏大，导致设计工况下的大流量小温差运行，或者在阀门上消耗了过多的阻力；另一方面是部分负荷下水泵没有根据负荷变化很好地调节，导致了低负荷下的高泵耗。在进行水输配系统节能改造前，也应从这两方面入手，根据节能目标和已有系统形式，充分了解运行状况和系统特点，开展必要的测试，在此基础上进行改造工作。

1）水输配系统的一般形式

现有的中央冷源系统中，冷冻水输配系统主要分为：一次泵定流量系统、一/二次泵系统（二次泵变流量）、一次泵变流量系统（Variable Primary Flow system，VPF）。

在一次泵定流量系统中，冷水机组蒸发器侧（冷源侧）的流量设置为定流量，冷冻水泵与冷水机组连锁启停。负荷侧末端设备的换热器出口设置有电动二通阀。在冷冻水的供水管和回水管之间设置一根旁通管，旁通管上安装有电动调节阀，通过调节旁通阀来控制供回水压差保持恒定。一次泵定流量系统是目前国内应用最多的输配系统形式。

一/二次泵系统在规模较大的输配系统中也较为常用。一/二次泵系统中，一次泵一般按保证冷水机组蒸发器流量设置为定速泵，并在一次管路供回水总管上设置旁通管。二次泵按不同的供冷区域阻力选取，一般设置为变速泵，根据末端负荷变化调节水泵频率。

一次泵变流量系统应用于空调系统中，这种系统直接调节一次泵的频率，对冷水机组和控制系统有较为严格的要求。

《公共建筑节能设计》（GB 50189—2015）中已将“水输送系数 WPF”改用“输送能效比ER”来表示，其定义是空调冷冻循环水泵在设计工况点的轴功率与所输送的显热变换量的比值，无因次。输送能效比 ER 与水输送系数 WPF 的关系为 ER = 1/WPF。

空调冷冻水系统的输送能效比 ER 可按式（4-1）计算。

$$\mathrm{ER} = 0.002342 \frac{H}{\Delta T \cdot \eta} \tag{4-1}$$

式中：H——水泵设计扬程（m）；

ΔT——供、回水温差（℃）；

η——水泵在设计工作点的效率(%)。

说明:上式仅适用于管道总长度在200~500m范围内的空调水系统,不适用于区域管道或总长度过长的水系统。

输送能效比ER是衡量水系统输送能耗高低的重要指标,它与水泵的扬程成正比,与水泵效率成反比。ER越小,水系统的输送效率越高,能耗越低;反之,ER越大,水统输送效率越低,能耗越高。在实际工程中,由于各种原因需要选择较高的循环水泵扬程,却又导致其输送能效比高,使系统输送能耗大。因此,《公共建筑节能设计标准》(GB 50189—2015)中规定了空调冷冻水系统输送能效比的最大限值为ER=0.0241。这是按冷冻水泵扬程为36m、效率为70%、供回水温差为5℃时,计算出的ER。

显然,将输送能效比ER控制在合理的范围,可以避免设计工况下,水系统大流量、小温差运行,从而节省输送能耗。若ER在合理范围内,也说明水泵选型较为合理。

水泵实际运行效率按式(4-2)计算。

$$\eta = \frac{N_1}{N_2} = \frac{(P_2 - P_1 + \rho g \Delta Z)G}{3.6 \times 10^6 N_1} \tag{4-2}$$

式中:N_2——水泵的输出功率(有效功率)(kW);

N_1——水泵的输入功率(轴功率)(kW);

G——水泵流量(m^3/h);

P_2——水泵出口压力(Pa);

P_1——水泵进口压力(Pa);

ρ——水的密度,取1000kg/m^3;

g——重力加速度,取9.8m/s^2;

ΔZ——水泵进出口压力表高度差(m)。

在冷冻水系统的设计中,蒸发器侧流量一般均设计为不小于额定流量。但是近十多年来,随着冷水机组及其控制技术的不断进步,先进的冷水机组已得到广泛的应用,不仅可以在大范围内调节机组的制冷量输出,而且允许冷冻水流量在较大范围(如离心机30%~130%、螺杆机45%~120%)内变化运行,并保证出水温度稳定,而对机组的效率和能耗影响不大。因此,在负荷变化时,使冷水机组的蒸发器侧流量跟随负荷侧流量的变化而变化。事实上,大多数冷水机组都允许蒸发器流量在额定流量的50%~100%以内变化,而冷冻水变流量运行的范围一般都不会超出这一范围。

2)一次泵定流量系统

国内多数的冷源系统均采用一次泵定流量系统。这种系统中,在部分负荷下,可以采用以下措施,减少冷热源的流量,降低一次泵的能耗。

(1)平衡各个冷、热源,使其流量保持一致。同时,要保持至少一个支路的手动阀门处于全开状态。

(2)保证供回水总管的阀门处于全开状态。

(3)检测压差旁通设定值是否过小。

(4)调整制冷机的流量开关。确保制冷机流量大于其要求的最小流量时,流量开关的信号为开。流量开关信号常常被设置在其额定流量上,但一般只要大于额定流量的30%~

50%就不会对制冷机造成损坏，因此一般可以调小这个设置值。这一步骤需要由制冷机的制造商配合完成。

(5)在部分负荷下，使水泵的流量与整个冷源的负荷率一致。

(6)要核对水泵的工作点，确认水泵不会过载。

3)一/二次泵系统中的一次泵改造

一/二次泵系统在集中系统中也较为常用。一般在设计时，这种系统假定制冷机蒸发器侧流量需要保证在额定流量以上，以此为依据配置一次泵。但在实际情况中，制冷机组蒸发器侧所需要的最小流量往往只需要大于额定流量的30% ~50%就不会对制冷机造成损坏。因此，大量的泵耗最后都消耗在一次泵上。在旁通管上，有的设计中设置了阀门，有的设计中没有设置。

(1)如果没有设置，则可以采用下列方法优化系统运行：

①平衡各个冷、热源，使其流量保持一致。同时，要保持至少一个支路的手动阀门处于全开状态。

②调整制冷机的流量开关。确保制冷机流量大于其最小流量时，流量开关的信号为开。流量开关信号常常设置在其额定流量上，但一般只要大于额定流量的30% ~50%就不会对制冷机造成损坏。这一步骤需要由制冷机的制造商配合完成。

③在部分负荷下，使水泵的流量与整个冷源的负荷率一致。例如，系统中有4台制冷机和1台一次泵，当负荷率为50%时，应当开启2台一次泵和3台制冷机，这时，制冷机与水泵的效率均处于较高的状态。制冷机尽量不要在负荷率80%以上或40%以下工作。

④如制冷机较为陈旧(5年以上)，与制冷机连锁的电动阀的开关延迟时间应大于60s。

(2)如果旁通管上设置了调节阀，则可以采用下列方法优化系统运行：

①平衡各个冷、热源，使其流量保持一致。同时，要保持至少一个支路的手动阀门处于全开状态。

②调整制冷机的流量开关。确保制冷机流量大于其最小流量时，流量开关的信号为开。流量开关信号常常被设置在其额定流量上，但一般只要大于额定流量的30% ~50%就不会对制冷机造成损坏。这一步骤需要由制冷机的制造商配合完成。

③当负荷较小，二次泵可以提供足够扬程时，关闭旁通管上的阀门并关闭一次泵。这个临界的负荷率根据系统特点确定，较为典型的情况是80%的负荷率。

④制冷机尽量不要在负荷率80%以上或40%以下工作。水泵和冷却塔同时进行运行日程的优化。

为了减少控制模式的变化，每天可以对最大负荷进行预测，如需要开启一次泵，则推荐全天均开启。

4)一/二次泵系统中的二次泵改造

如果二次泵没有安装变频装置，一般推荐进行变频改造。如安装了变频装置，则优化控制的目标是在保证末端流量的前提下，避免过多的压差消耗在控制阀门上。可通过下列步骤进行优化：

(1)检查各末端的加热和冷却盘管，区分出所有的三通阀，切断旁通，将其变为两通阀。

(2)取消所有混水装置。

(3)检测最不利环路,打开上边的所有手动阀门。检查送风温度设定值,如低于设计值,则需要重新设置到设计值。

(4)缓慢减小水泵流量,直到最不利末端为85%开启。系统稳定后,测量环路压差和冷冻水流量,此时的压差值即为此流量下的优化设定值。

(5)如第四步无法实现,则要测量盘管的压差(包括其相应阀门)(ΔP_2)和环路总压差(ΔP_1),以及冷冻水流量。优化的压差设定值为:$\Delta P_2 = \Delta P_1 - \Delta P_2 + C$。其中,$C$为盘管所需要的压差,一般根据盘管的大小,在6.89~34.45kPa之间。如果ΔP_2大于这个范围,盘管内可能有阻塞,应进行清洗。

(6)如果压差传感器安装在最不利末端,则二次泵的变频器应根据这个传感器的值进行控制,保证该点达到设定值。

(7)如果压差传感器不是安装在最不利末端,需要根据冷冻水流量调整压差设定值。在低流量下可能不宜进行重设置,设定值一般有上限值和下限值要求,下限值一般不低于34.45kPa。上限值可按式(4-3)计算。

$$\Delta P = \Delta P_0 \left(\frac{G}{G_0} \right)^2 + 2 \tag{4-3}$$

式中:G——流量;

G_0——流量额定值;

ΔP_0——上限额定值。

(8)如没有进行冷冻水流量测量,则压差重设定值可按式(4-4)计算。

$$\Delta P = \Delta P_0 \left(\frac{\mathrm{VSD}}{\mathrm{VSD}_0} \right)^2 + 2 \tag{4-4}$$

式中:VSD——水泵频率;

VSD_0——水泵频率额定值。

(9)采用BAS系统实施优化的压差控制。在实施初期,由于系统的一些固有问题,可能会有末端过热的情况。如果发现这种情况,需要检查适当的支管,尤其要检查各平衡阀和和手阀的阀位应使系统保持水力平衡。如果问题依然存在,要认真检查阀门和盘管是否有机械故障。如没有,则将这个盘管设为最不利末端。

5)一次泵变流量系统

实施一次泵变流量(VPF)系统的前提为:①该项目系统的特点适合VPF系统;②掌握冷水机组对于变流量的要求;③控制系统的支持。在一次泵变流量系统中,冷水机组负载控制复杂度增加,旁通控制复杂度也增加。这些都需要有先进、精确、成熟的控制系统来确保系统稳定运行。

随着控制技术的发展,突破了制冷机蒸发器必须固定水流量的限制,这项技术的发展使得可以直接利用一次泵实现变流量调节。但一次泵变流量系统会对制冷机组的安全和稳定运行产生一些不利影响。主要体现在:①当蒸发器处于小水流、低速流动状态时,如果蒸发压力的控制不准确或波动过大,会使蒸发温度长时间低于0℃,导致冷水在蒸发器内冻结和铜管的冻裂。②当冷水机组处于稳定工况运行时,一旦蒸发器内水流量突然减少,也会导致铜管内水的冻结与铜管的冻裂。

为此，对一次泵变流量系统实施时应注意以下问题。

（1）项目要求

首先，需根据项目情况，确定是否需要一次冷水泵变流量。并不是所有的项目都需要VPF系统，定流量水系统的稳定可靠运行，是变流量系统不能代替的。24h运行、系统负荷可较大幅度变化（超过30%）、冷水温度允许轻微变化的系统适合采用一次泵变流量系统，以满足在长时间部分负荷下提高系统效率。应选择在一些水容量较大的系统中应用变流量一次泵系统。因为系统中的水容量越大，系统周转时间就越长，就越能保证冷水机组的容量调节能力，稳定地对抗负荷的变化。

（2）冷水机组选型

VPF系统在选择冷水机组时需有一定的条件：

①冷水流量必须被控制，水流速度不得低于0.192m/s。如果低于这一速度限制，便会导致蒸发器内温度和压力过低。

②冷水流量的变化在1min内不得超过设计流量的30%。例如，若设计冷水流量为91L/s（5℃温差），那么冷水泵的水流量变化率VFD必须设定为小于1634L/min。因此，冷水机组选型时，应计算相应的最小流量与最大流量变化率，以便水系统参照冷水机组的参数，确保冷水机组的安全。

水泵转速的下限需满足制冷机最小流量，其上限需满足制冷机最大流量；转速的变化不宜过快，需满足最大流量变化率。

（3）设备的具体要求

①冷水机组。

冷水机组加卸载须平稳实现，这是整个冷水机组群控系统的关键。建议采用冷水机组系统专用控制模块，对多台冷水机组进行加卸载控制。通过专用控制模块与冷水机组自身的控制模块进行通信，在加卸载阶段可平衡多台冷水机组的负载，从而保证冷水出水温度稳定。同时，冷水机组电动关断阀要慢开，推荐在2min之内开到100%的位置。这样可保证水流量不会突变。制冷机与水泵独立控制，不必一一对应。建议冷水机组冷水流量变化范围为50%~100%。

用流量计测量制冷机侧实际冷水流量，保证制冷机侧最小冷水流量。流量计安装处位于总管回水管靠近制冷机处。建议选用电磁式流量计，以保证精度。当水泵转速达到下限，流量计同时测量出流量至下限，则需根据压差打开旁通阀，通过PID调节器（比例、积分、微分）计算，使负荷端流量满足需求，同时保证制冷机侧最小冷水流量恒定。相关控制用测量元件，如流量传感器、压差传感器等，需达到精度与准确度的要求。

②水泵。

水泵控制方式可以采用定压差控制、定温差控制或变压差优化控制。

水泵变频方式建议采用全部变频。如采用一变多定（即一台为变速泵，其余为定速泵），出口压力不等，导致能耗增加，变速泵易磨损；而且从运行时间与频率变化来做水泵启动顺序的切换逻辑也过于复杂。冷水泵的转速调节范围根据冷水机组流量的建议值确定，一般为50%~100%，且需避免转速突变。而水泵的电机效率，在转速低于40%时也会大幅度下降，因此同样不适应转速过低。

最后需要注意的是，水泵变频器必要时需配置谐波过滤装置，减少对同一供电系统中其他电子装置的影响。多个实例表明，水泵变频器未配置谐波过滤器，结果引起冷水机组的启动柜故障。

③旁通阀。

对旁通阀的要求：品牌质量好；等比例特征；建议额定压力比系统压力高一些；关断压差至少大于300kPa，因阀门长期在较大的压差下工作；带弹簧复位执行器（有条件的话），断电后水仍有回路，确保系统的安全。控制旁通阀的压差传感器或流量计精度要高，控制上的滞后要尽量减小。

旁通管需具有承担保证最大冷量的冷水机组最小流量的功能。有可能的话，保留水泵定频工作的可能性，即旁通管管径接近最大冷量的冷水机组的管径。管道应尽可能短，阻力要小，推荐不大于0.25kPa/m。要求旁通阀的最大流速不大于3m/s，阀门与管道的直径不一定相同。

④控制系统。

为了确保一次泵变流量系统运行的稳定性与安全性，在应用过程中必须解决以下问题：

a.要有对制冷量的快速、准确的调节能力。在相同的设计温差与负荷变化下，在变流量蒸发器中所发生的温度波动要大于、快于在定流量蒸发器中所发生的温度波动，故要求变流量一次泵系统能提供比定流量系统更快的响应。因此，对于变流量的冷水机组，其制冷量调节应采用PID调节。

b.要有滞后积分控制的防冻结功能。对于装有多台并联冷水机组的变流量一次泵系统来说，待用主机的启动，会使满负荷运行的在用主机流量突然减小，导致冷水水温迅速降低，并有可能低于其防冻结的下限温度，迫使该冷水机组保护性停机。为了防止在变流量一次泵系统中出现这种保护性停机故障，应采用积分控制以维持冷水机组在冷水温度短时低于冻结温度时仍能继续运行。当检测到冻结温度时控制器并不是立即关停冷水机组，而是累加冻结温度的时间，当此值上升到临界水平时才迫使其停机，以便使主机的制冷能力调节器能达到稳定的制冷出力。

c.要有准确、快速、可靠的流量检测装置。在变流量一次泵系统中，一般采用两种流量检测方法：一种方法是安装电磁流量计，另一种是在蒸发器两端安装压差计，由压差信号换算成流量。

d.要规定避免发生冲蚀钢管的高速限制及其相应的最大流量，并规定防止出现层流的低速极限及其对应的最小流量。

e.要把系统中冷水流量变化率控制在冷水机组生产厂商所推荐的范围内，以避免由于较快的流量变化引起控制不稳定和压缩机的回液与停机。

6）水泵变流量控制方式

无论是二次泵变流量系统还是一次泵变流量系统，其水泵在调速时最理想的控制状态是在保证所有末端换热器达到负荷需求的情况下，达到允许的最低值。但在实际系统中，由于各末端的负荷特性不一、管路特性随末端控制环路动作而随时变化，以及控制系统局限性等因素，往往无法实现这种理想的控制状态。

实际输配系统的变流量控制方法主要分为：定压差控制（定总管压差或定远端压差）、定温差控制以及变压差优化控制(也有称最小阻力控制)。

(1)定压差控制

在变流量水系统中,末端盘管使用电动二通调节阀,能根据室温的变化调整其开度或状态,引起冷冻水系统流量的变化,从而引起系统分配环路的流量变化,形成供、回水之间的压力差变化。

在冷冻水系统管路的适当位置上安装压差传感器,检测其供回水压差 ΔP 并传送至控制器,将实测压差值与设定压差值相比较,根据偏差大小采用 PID(或 PI)算法控制变频器的输出频率,驱动水泵变速运行,从而实现流量调节的目的。

按压差传感器的设置位置,定压差控制又分为定总管压差和定远端压差两种方式。定总管压差控制方法比较简单,可以保证各种工况下的末端需求,但在部分负荷时水泵能耗大量消耗在末端阀门上,因此节能效果较差。定远端压差控制方法可以取得相对较好的节能效果,但需要注意压差传感器位置的选择。在各末端负荷不是同比例变化的系统中,就需要在多个位置设置,否则难以满足末端的多样性需求。

总体来说,采用定压差控制,当负荷及流量波动频繁时,由于压差响应的时滞性较小,能够较快地跟随流量的变化而相应变化,调节时间较短。但由于冷冻水系统的负荷与压差之间没有直接的关系,负荷的变化不能精确地通过压差的变化来描述,因此无法实现最优化的节能目标。

(2)定温差控制

在冷冻水的供、回水干管上分别装设温度传感器,检测供、回水温度并传送至控制器,将实测的温差值与设定的温差值相比较,根据偏差大小采用 PID(或 PI)算法控制变频器的输出频率,驱动水泵变速运行,从而实现流量调节的目的。

这种方法的理论前提是系统负荷的变化规律是一致的,但实际情况往往与之不符。供、回水温差的变化只反映系统平均负荷变化,因此这种方法对于较不利的末端很难保证其使用效果。同时,总管上的温差变化由于系统水容量的原因,滞后于各末端换热器的温差变化。

(3)变压差优化控制

采用变压差优化控制时,压差控制目标值随系统运行中各末端的负荷变化而调整,这种控制方式除了要求各末端有较完善的本地控制策略外,还往往需要实时监测主要末端的参数(如电动阀的阀位或动作规律、室外温度、末端金进风温度或送风温度等)。控制目标的优化设置采用不同的控制算法实现。在一些变压差优化控制中,还可以根据历史运行数据对系统负荷进行预测。

总体而言,变压差优化控制可以在满足所有末端负荷多样性变化的前提下,控制水泵功耗达到最小值。由于控制更为精确,需要监测和控制的参数较多,控制算法也较为复杂,因此控制系统实施起来初投资较高。

4.2.3 末端系统节能改造技术

末端系统的主要任务是在建筑物内对空气进行处理和输配。典型的末端系统包括:加热冷却盘管、送回风风机、过滤器、加湿器、风阀、风管、控制设备等。当建筑负荷发生变化时,末端系统通过改变下列一个或多个参数来保持建筑内环境的舒适性:新风量、总风量、静压、送风温度、送风湿度。末端系统的初状态设定和运行中的调节对能耗和舒适性都有较大的影响。本节仅讨论空气处理系统的优化运行和节能改造方法。

1)定风量系统的总风址调整

由于设计时的富余量过大,实际系统中的风量常常明显高于实际需求量。在一些较大的系统中,风机过大常导致一系列的噪声问题。除了风机能耗加大,还可能导致实际输送的冷、热量加大,同时产生温、湿度的控制问题。因此对于定风量系统而言,首先要使总风量调整到合适状态。

对定风量系统,风量是否过大可以通过下列方法判断:

(1)在高峰冷负荷时测量送风温度 T_z,如果大于设计送风温度(T_c)2℃以上,则实际风量可能高于需求的风量。则风量可减少的比例 α 可以由式(4-5)计算得到(其中,T_r 为回风温度,测量时应确认达到了设计的回风温度)。

$$\alpha = 1 - \frac{T_r - T_z}{T_r - T_c} \tag{4-5}$$

风机转速应调整为 $1-\alpha$。

(2)直接测量风量,如高于设计风量,则调整到设计风量。一般的经验表明,由于设计富余量和负荷多样性的原因,绝大部分的系统可以在设计风量的80%下正常工作。

单风道系统的风压过大可以用下列方法判断:选择最远送风末端,测量静压 P_e。将风阀开至95%,再次测量静压P_d。计算静压差 $P_e - P_d$。

风机转速可以通过加装变频或调节皮带等方法调节。加装变频器允许对转速进行准确的调整,一般推荐使用。调节皮带的优点是没有变频的功率损失,且投资小。

对于医院等对通风量有严格要求的场合,首先需要满足通风、卫生的需要。另外,在调整转速前,要解决已有的机械问题,如风量平衡、过滤器阻塞等。

2)设置合适的最小新风比

由于缺乏精确的测量、不正确的设计计算、风系统不平衡以及运行和维护等问题,既有系统的新风量往往大于设计值。下列原因都可能直接导致新风过量:

(1)混合压力低于设计值。例如,设计时的混合点静压为25Pa,而实际的静压值为50~250 Pa。

(2)过渡季新风阀(节能器新风阀)的渗漏。

(3)实际人员数量比设计数量少。新风过量使空调系统消耗了额外的新风处理的冷、热量。当新风过量明显时,空调系统控制室内温湿度的能量也减弱了。新风是否过量可通过下列方法测得:

①测量回风的 CO_2 浓度。一般公共建筑,室内有人员的情况下,回风的 CO_2 浓度比新风高出500~600mg/m^3 是正常的。如果小于500mg/m^3,可能是新风过量的原因。

②测量新风量,与设计值对比。

③通过温度间接测量。

最小新风比的控制可以通过下列步骤实现:

(1)调节新风阀门的开度。

（2）安装 CO_2 传感器，测量回风的 CO_2 浓度，控制新风电动阀开度，使 CO_2 浓度控制在设定值。

（3）根据房间的人员编制日程表，按时间调整新风阀和 CO_2 浓度。

3）热回收技术

热回收系统是回收建筑物内外的余热（冷）或废热（冷），并把回收的热（冷）量作为供热（冷）或其他加热设备的热源而加以利用的系统。据调查，空调工程中处理新风的能耗大致要占到总能耗的25%～30%，对于高级宾馆和办公建筑可高达40%。可见，空调处理新风所消耗的能量是十分可观的。而空调房间排风中所含的能量更是相当可观，若加以回收利用可以取得很好的节能效益和环境效益，尤其是冬季采用，效益更为明显。

采用全热回收装置回收排风中的冷、热量，用来对新风进行预冷和预热，是降低新风负荷的重要措施。空气热回收装置按空气热交换器的种类可分为转轮式、板翅式、热管式、溶液热回收型等几种，按回收热量的性质分为显热回收与全热回收。不同热回收装置的主要优缺点详见表4-2。很多全热回收产品，其额定全热回收效率都可以达到60%左右。在进行热回收系统的设计时，应根据当地的气候条件、使用环境等选用不同的热回收方式。

不同热回收装置的主要优缺点 表4-2

热回收方式	优　点	缺　点
转轮式热回收	（1）能同时回收潜热和显热； （2）排风和新风逆向交替过程中具有一定的自净作用； （3）通过转速控制，能适应不同的室内外空气参数； （4）回收效率高，可达到70%～80%； （5）能适用于较高温度的排风系统	（1）接管位置固定，配套的灵活性差； （2）有传动设备，自身需要消耗动力； （3）压力损失较大，易脏堵，维护成本高； （4）有渗漏
板翅式热回收	（1）传热效率高； （2）结构紧凑； （3）没有传动设备，不需要消耗电力； （4）设备初投资低，经济性好	（1）换热效率低于转轮式热回收； （2）设备体积较大，占用建筑面积和空间多； （3）压力损失较大，维护成本高
热管式热回收	（1）结构紧凑，单位面积的传热面积大； （2）没有传动设备，不需要消耗电力； （3）不易脏堵，便于更换，维护成本低； （4）使用寿命长	（1）只能回收显热，不能回收潜热； （2）接管位置固定，配管的灵活性差

由于使用新风热回收装置时，装置自身要消耗能量，因此本着回收能量高于其自身消耗能量的原则进行选择计算，表4-3、表4-4分别给出了我国不同气候分区代表城市办公建筑中排风热回收装置回收能量与装置自身消耗能量相等时热回收效率的限定值，只有排风热回收装置的效率高于限定值时，集中空调系统使用该装置才能实现节能；目前产品的热回收效率一般均远高于限定值要求，但是在实现安装后，还应该考虑长期运行后效率下降的因素。

代表城市显热效率限定值　　表4-3

状　　态	哈尔滨	乌鲁木齐	北京	上海	广州	昆明
制热	0.09	0.10	0.14	0.20	0.44	0.26

代表城市全热效率　　表4-4

状　　态	哈尔滨	乌鲁木齐	北京	上海	广州	昆明
制热	0.06	0.09	0.11	0.18	0.42	0.18
制冷	—	0.31	0.30	0.26	0.21	—

4.3　供配电、照明及监控系统改造技术

1)供配电、照明系统改造

(1)更换国家禁止使用的机电产品，参考《机械工业第一批至第十七批常用淘汰能耗高、落后机电产品》。

(2)对效率不能满足国家相关标准的设备进行更换，如《交流接触器能效限定值及能效等级》(GB 21518—2008)中规定了目前使用的接触器必须满足能效限定值的要求，推荐使用满足节能评价值的产品。在建筑能耗配电系统中会使用大量的接触器、断路器、指示灯等小型电路元件，这类电路元件的能耗也应该符合国家标准的要求。

(3)如果在用变压器不能满足能效限定值，则需要计算更换符合要求变压器的投资回收比，当投资回收年限符合本规范的规定时，建议更换。由于更换变压器涉及供电部门，因此在进行此项改造时，必须与供电部门充分协商。

2)监测与控制系统改造

尽量在原控制系统上实施改造，第一种方法在原控制系统基础上添加控制器、传感器，这种方法简单、方便，但需要得到原实施方的配合，包括开放高级密码等；第二种方法在原控制系统上嵌入其他控制系统，也需要得到原实施方的配合，包括不同控制系统的接口处理等；第三种方法是废弃原控制系统，增加新控制系统，此种情况为无法得到原实施方的配合，但原控制系统的传感器、执行器等标准信号设备应尽量保留，只更换控制器和控制软件部分，减少造价。

3)节能控制策略

节能控制策略见表4-5。

节能控制策略表　　表4-5

分类	控 制 对 象	节能控制策略及说明
冷冻站房	冷水机组	(1)冷水机组变频运行：选用变频驱动式冷水机组； (2)变水温控制：根据空调末端负荷要求，提高冷冻供水温度。BAS系统(即监测和控制系统)可根据所有空调末端表冷阀的开度状态进行空调负荷判断，通过与冷水机组自带控制器进行通信的方式实现冷冻供水温度再设定功能
	冷冻水系统	(1)尽量避免二次泵系统设计或运行； (2)变流量控制：根据末端环路压差控制法、温差控制法等方法对冷冻水泵进行变频控制。变流量控制应保证冷水机组的最低流量限制； (3)ΔT恒定控制：尽量避免冷冻供回水直接混合，保证冷冻供回水温差$\Delta T \geq 5$℃

续上表

<table>
<tr><th>分类</th><th>控 制 对 象</th><th>节能控制策略及说明</th></tr>
<tr><td rowspan="3">冷冻站房</td><td>冷却水系统</td><td>(1)最佳冷却水温控制:根据冷水机组最高效率下的冷却水温范围对冷却塔风机进行启停控制。
(2)变流量控制:根据最佳冷却水温范围、冷水机组和冷却水泵的综合能耗对冷却水泵进行变频控制</td></tr>
<tr><td>冷冻站群控</td><td>根据空调侧负荷要求,启停冷水机组即辅联设备的台数,以保证冷水机组在最高效率所对应的负荷状态下运行</td></tr>
<tr><td>安全连锁运行</td><td>以上节能运行策略应考虑冷冻站房各设备之间的安全连锁运行</td></tr>
<tr><td rowspan="4">热力站房</td><td>热交换站</td><td>根据二次供水温度需求对一次侧高温热水流量进行自动调节</td></tr>
<tr><td>锅炉</td><td>(1)台数群控:根据末端负荷需求,对锅炉运行台数进行群控,保证每台锅炉在最高效率下工作。
(2)对供水(汽)压力、温度进行优化控制</td></tr>
<tr><td>循环水泵</td><td>根据末端负荷需求对循环水泵进行变频(变流量)控制,方法同冷冻水泵</td></tr>
<tr><td>蒸汽凝结水热回收系统</td><td>根据蒸汽凝结水热回收系统的工艺特点(如开式系统、闭式系统),对系统上各装置的压力、温度进行优化控制</td></tr>
<tr><td rowspan="3">空调末端设备</td><td>空气处理机组
新风机组</td><td>(1)变室温设定值控制(新风补偿控制):根据室外温度的变化相应调整室内温度设定值,避免过大的室内外温差导致人体的不适感,同时因提高室内温度设定值带来节能效果。
(2)等效温度舒适控制法:根据室内影响人体舒适度的度、相对湿度、风速、辐射温度等组成的综合等效温度或 PMV 舒适指标对室内热环境进行调节,追求舒适与节能的最佳搭配。
(3)全年多工况节能控制(最大限度利用新风冷源):根据室外气象条件和空气处理机组的组合形式,将全年划分为若干个工况区域,优化空气热湿处理过程,最大限度利用室外性能冷源,避免冷热抵消现象。
(4)最佳启停控制:根据季节、节假日时间、建筑物的蓄冷蓄热效果,合理制定出设备启动和停止运行的最佳时间。
(5)室内空气品质控制:根据室内(或回风)的 CO_2 浓度或 VOC 浓度控制室外新风量。
(6)变风量控制:根据室内热负荷变化或送风静压要求对风机进行变频节能控制;新风机组一般不采用变风量控制。
(7)过滤器压差监测:空调机组应配置过滤效率至少不低于 G4(欧洲标准)的过滤器,以便对空调自身的换热盘管、BAS 系统传感器进行保护;过滤器阻力达到上限时,BAS 应提醒维护人员及时清洗或更换过滤器,节省风机运行能耗</td></tr>
<tr><td>风机盘管</td><td>(1)各房间配置独立的温控器和三速开关。
(2)在风机盘管供回水管道上配置二通调节阀。
(3)在无人值守的公共区域(如大堂、会议室)可配超声波人员探测器与风机盘管启停进行联动;或选择具有网络通信能力的温控器,由 BAS 系统集中管理</td></tr>
<tr><td>VAV 末端装置</td><td>(1)就地设置 VAV 控制器,VAV 控制器应具备网络通信能力,集成至 BAS 系统。
(2)通过定静压、变静压等多种方式对 VAV 末端装置所对应的空气处理机进行变风量调节</td></tr>
</table>

续上表

<table>
<tr><th>分类</th><th>控 制 对 象</th><th>节能控制策略及说明</th></tr>
<tr><td>空调末端设备</td><td>新排风热回收装置</td><td>根据新排风焓值合理使用热回收装置，冬夏季最大限度地发挥热回收效率，过渡季节调节旁通阀或转轮转速(转轮式热转换器)，最大限度地利用新风能源</td></tr>
<tr><td>照明系统</td><td>照明回路</td><td>(1)定时开关控制:室外环境照明、公共区域照明。
(2)人员感应控制:小型会议室、大开间办公室区域控制。
(3)根据室外广源照度控制:广场照明、室内大开间办公室、多功能厅的减光控制。
(4)多种模式的场景控制:多功能厅、大会议室、外立面照明等</td></tr>
<tr><td rowspan="2">能源管理</td><td>能耗计量</td><td>BAS系统应对建筑物内的水、电、(蒸)汽、(煤、天然)气、油等耗量进行计量监测和统计，配置相应的电表、流量计、热量计等。按年、月、日进行统计，建立数据库、曲线趋势图等</td></tr>
<tr><td>能耗分析</td><td>(1)BAS系统应根据监测的原始能耗数据，对建筑物的能耗状态和运行费用进行分析、报表打印。
(2)与正常(标准)值、往年同期值相比，判断是否节能、节能效率以及改进方向，如:(年、月、日)单位建筑平方米的能耗指标(或运行费用);(年)供冷期间(如150天)每吨冷冻水流量空调系统所花费的用电量;(年)供暖期间(如150天)每吨热水空调系统所花费的用电量等</td></tr>
</table>

第5章 济南奥体中心能耗现状与旧设备使用情况

5.1 济南奥体中心节能改造项目

对大型公共建筑节能进行研究是建筑未来发展的重要一步,如何顺利进行既有公共建筑能耗分析及节能改进是关系到节能工作成败的关键。通过对济南奥体中心建筑能耗组成进行分析,对奥体中心建筑的能耗指标、内外分区、能耗模拟预测进行研究,并辅助于实际设计及施工过程,提出适合于大型公共建筑节能新方法、新要求。对大型公共建筑因面积大,工程参数不同而产生的关键问题进行探究,可以有效推动公共建筑节能事业的全面开展,特别对于商业建筑、办公建筑面积不断扩大,大型商业建筑、中心城市群的不断出现具有重要意义,可加快节能工作的不断深入,进而促进公共建筑节能事业的发展。

济南奥体中心位于东部新城,总占地面积81hm^2,总建筑面积35.7万m^2,节能改造建筑总面积111529.67m^2,属于体育建筑类型。

经我方与技术支撑单位反复现场调研与方案论证,参照中华人民共和国住房和城乡建设部《公共建筑节能改造技术规范》(JGJ 176—2009)、《公共建筑节能检验标准》(JGJ 177—2009)、《公共建筑能耗远程监测系统技术规程》,形成《济南奥林匹克体育中心公共建筑节能改造实施方案》,对其体育馆、网球馆、游泳馆进行节能改造,其中体育馆改造内容为照明及控制系统、空调系统、供暖系统、可再生能源利用;网球馆改造内容照明及控制系统、空调系统、可再生能源利用;游泳馆改造内容为照明及控制系统、空调系统、可再生能源利用。体育馆改造建筑面积:55591m^2,网球馆改造建筑面积:24952m^2,游泳馆改造建筑面积:30986.67m^2,共计111529.67m^2。项目总投资为3426499元。

5.2 能耗现状分析

奥体中心体育馆、网球馆、游泳馆主要用能项目为办公用电、照明用电、夏季空调用电、冬季供暖系统用电。

1)改造前东三馆总能耗情况

改造前东三馆总能耗情况见表5-1～表5-4。

东三馆日常用电数据　表5-1

场　馆	2013年	2014年	2015年
体育馆(kW·h)	1462437	1355500	1378628
网球馆(kW·h)	1792586	1197500	1570404
游泳馆(kW·h)	2343861	1948000	2495671

东三馆商铺用电数据 表 5-2

场　馆	2013 年	2014 年	2015 年
体育馆(kW·h)	35974	60300	92095
网球馆(kW·h)	596045	322400	786107
游泳馆(kW·h)	445704	268300	231301

东三馆场馆用电数据 表 5-3

场　馆	2013 年	2014 年	2015 年
体育馆(kW·h)	1426463	1614993	1286533
网球馆(kW·h)	1196541	1091069	784297
游泳馆(kW·h)	1898157	2094418	2264370

能源中心能耗数据 表 5-4

年　份	2013 年	2014 年	2015 年
用电(kW·h)	268618	290900	389619
折标煤(kgce)	81928.49	88724.5	118833.79

东三馆改造部分用电能耗计算为:近三年日常用电减去商铺用电的平均值加上能源中心近三年用电的用电量按照冷负荷分配到各场馆的数据,再加上各场馆的供暖能耗。其中供暖能耗,根据《公共建筑采暖空调能耗限额》(DB 37/T 935—2016)标准和《公共建筑节能检验标准》(JGJ/T 177—2009)标准计算得出。

2)体育馆改造部分总能耗

(1)体育馆总面积:59868m^2;体育馆改造面积:55591m^2;体育馆空调总冷负荷:6812kW;体育馆三年平均用电量:(1426463 + 1614993 + 1286533)/3 = 1442663 kW·h。

(2)中央空调用能:能源中心能耗×(体育馆空调冷负荷/东三馆空调冷负荷)×(体育馆改造面积/体育馆总面积) = 316379 ×(6812/14025)×(55591/59868) = 142688.56kW·h,折标准煤 43520.01kgce;根据供热合同计算得出体育馆供暖能耗: 3213892.09kW·h。

由以上数据得出体育馆基准能耗:1442663 + 142688.56 + 3213892.09 = 4799243.65kW·h。

3)网球馆改造部分总能耗

网球馆总面积:36383m^2;网球馆改造面积:24952m^2;网球馆空调总冷负荷:2704kW;网球馆三年平均用电量:(1196541 + 1091069 + 784297)/3 = 1023969kW·h;中央空调用能:能源中心×(网球馆空调冷负荷/东三馆空调冷负荷)×(网球馆改造面积/网球馆建筑面积) = 316379 ×(2704/14025)×(24952/36383) = 41832.93kW·h;根据供热合同计算得出网球馆供暖能耗: 1366624.62kW·h。

由以上数据得出网球馆基准能耗:1023969 + 41832.93 + 1366624.62 = 2432426.55kW·h。

4)游泳馆改造部分总能耗

游泳馆总面积:42480m^2;游泳馆改造面积:30986.67m^2;游泳馆空调总冷负荷:4509kW;游泳馆三年平均用电量:(1898157 + 2094418 + 2264370)/3 = 2085648.33kW·h;游泳馆日常用电量:平均用电量 - 泳池水泵用电量 = 2085648.33 - 711090 = 1374558.33kW·h;中央

空调用能：能源中心×（游泳馆空调冷负荷/东三馆空调冷负荷）×（游泳馆改造面积/游泳馆建筑面积）=316379×（4509/14025）×（30986.67/42480）=74195.13kW·h；根据供热合同计算得出游泳馆供暖能耗：1572203.88kW·h。

由以上数据得出游泳馆基准能耗：1374558.33+74195.13+1572203.88=2969391.72kW·h。

5）东三馆改造部分能耗数据

东三馆改造部分能耗数据见表5-5。

东三馆改造部分能耗数据 表5-5

场馆	体育馆	网球馆	游泳馆
能耗（kW·h）	4799243.65	2432426.55	2969391.72

5.3 奥体中心主要旧设备使用情况

5.3.1 改造前能源中心设备情况

能源中心的制冷能力可为整个奥体中心提供冷量，包括体育场、体育馆、网球馆、游泳馆、中心商业区等。其设计的运行情况为冷水机组2用2备，一次冷冻水循环泵2用1备，二次冷冻水循环泵3用1备，冷却水循环泵4用1备。现在只有在举行大型活动时才需要使用能源中心提供冷量，现在启用时一般只需开启1台冷水机组，开启1台一次冷冻水循环泵，1台二次冷冻水循环泵，2台冷却水循环泵，2组冷却塔风机。现在具体使用情况如表5-6所示。

改造前能源中心设备使用情况 表5-6

（一）奥体中心制冷系统			
制冷主机型号	离心式冷水机组（4台）		
主机额定功率	566kW	使用情况	平时开1台
	672kW		
（二）一次冷冻水循环泵（3台）			
功率	90kW	运行台数	1用2备
运行电流	140A	功率因数	0.88
开机时间	根据需要全年都有使用，主要集中于6、7、8月		
（三）二次冷冻水循环泵（4台）			
功率	132kW	运行台数	2用2备
运行电流	220A	功率因数	0.88
开机时间	根据需要全年都有使用，主要集中于6、7、8月		
（四）冷却水泵（5台）			
功率	75kW	台数	1台主机对应2台水泵
运行电流	120A	功率因数	0.87
开机时间	根据需要全年都有使用		

续上表

（五）冷却塔风机（8 台）			
功率	11kW	台数	平时开 4 台
运行电流	38A	功率因数	0.87
开机时间	根据需要全年都有使用，主要集中于 6、7、8 月		

目前一次冷冻泵、冷却泵经软启动器启动后工频运转，同时二次冷冻泵降压启动，仍然工频运转，冷却塔风机直接启动，平时工频运行。水泵系统不能够根据负荷的变化情况调整系统运行流量，冷却塔风机也不能够调整电机转速和自动启停风机台数，需要人工调整冷却塔的运行台数。其冷冻水进回水温度在 2～3℃，冷却水进回水温度 2～3℃。

5.3.2　改造前照明设备使用情况

改造前东三馆照明情况如表 5-7～表 5-9 所示。

改造前东三馆体育馆照明情况　　表 5-7

类　别	功率（W）	数量（只）	时间（h）	天数（天）	能耗（kW·h）
日光灯	32	879	9	362	91641.024
	40	784	9	250	70560
			12	112	42147.84
	32	780	6	100	14976
	32	213	12	362	29608.704
	32	639	4	362	29608.704
	32	480	6	100	9216
	16	784	9	362	40868.352
筒灯	29	398	9	362	37603.836
	29	350	12	362	44091.6
	29	700	4	362	29394.4
	15	182	12	362	11859.12
	15	546	4	362	11859.12
吸顶灯	40	60	6	100	1440
合计					464874.7

注：1. 体育馆开放时间：周一至周五 12:00—21:00，每天 9h；周六、周日及法定节假日:09:—21:00，每天 12h。

2. 办公区域照明：一般为 09:00—18:00，无节假日区分，有活动时部分办公区延长照明时间，办公区日均照明时间 9h，运行年运行天数 362 天。

3. 场地照明：周一至周五 12:00—21:00 日均照明时间 9h，年运行天数 250 天；周六、周日及法定节假日：09:—21:00，日均照明时间 12h，年运行天数 112 天。

4. 公共区域照明时间：与场馆开放时间基本一致约 12h。部分灯具仅在夜间使用，每天使用时间约 4h。

5. 功能性房间使用时间：比赛用更衣室、休息室等仅在需要时使用，使用天数在 100 天左右。

改造前东三馆网球馆照明情况 表 5-8

类　别	功率(W)	数量(只)	时间(h)	天数(天)	能耗(kW·h)
日光灯	32	720	9	362	75064.32
	32	480	6	100	9216
	28	246	12	362	29921.472
	32	492	4	362	22797.312
筒灯	40	248	9	362	32319.36
	40	340	12	362	59078.4
	40	660	4	362	38227.2
	29	340	6	100	5916
	29	254	9	362	23998.428
	15	66	12	362	4300.56
	15	198	4	362	4300.56
吸顶灯	36	164	9	362	19235.232
合计					324374.844

注:1. 网球馆开放时间:室外夏季 06:30—21:00 冬季 08:30—20:30;室内夏季 08:30—21:00 室内冬季 08:30—20:30。

2. 办公区域照明:一般为 09:00—18:00,无节假日区分,有活动时部分办公区延长照明时间,办公区日均照明时间 9h,运行年运行天数 362 天。

3. 场地使用:室内夏季 08:30—21:00(6 月 1 日—9 月 30 日);室内冬季 08:30—20:30(10 月 1 日—次年 5 月 31 日)。

4. 公共区域照明时间:与场馆开放时间基本一致约 12h,部分灯具仅在夜间使用,每天使用时间约 4h。

5. 功能性房间使用时间:比赛用更衣室、休息室等仅在需要时使用,使用天数在 100 天左右。

改造前东三馆游泳馆照明情况 表 5-9

类　别	功率(W)	数量(只)	时间(h)	天数(天)	能耗(kW·h)
日光灯	32	810	9	362	84447.36
	32	640	6	100	12288
	32	321	14	362	52058.496
	32	642	4	362	29747.712
	32	321	6	100	6163.2
	16	956	9	362	49834.368
筒灯	40	280	9	362	36489.6
	30	310	14	362	47132.4
	30	620	4	362	26932.8
	30	310	6	100	5580
	20	209	14	362	21184.24
	20	627	4	362	18157.92

续上表

类　别	功率(W)	数量(只)	时间(h)	天数(天)	能耗(kW·h)
吸顶灯	25	437	9	362	35593.65
	25	150	6	100	2250
合计					427859.746

注:1.游泳馆开放时间:夏季06:30—21:00;冬季06:30—09:00,11:30—20:00。

2.办公区域照明:一般为09:00—18:00,无节假日区分,有活动时部分办公区延长照明时间,办公区日均照明时间9h,运行年运行天数362天。

3.场地使用:夏季06:30—21:00(6月1日—9月30日);冬季08:30~09:00,11:30—20:00(10月1日—次年5月31日)。

4.公共区域照明时间:与场馆开放时间基本一致约14h,部分灯具仅在夜间使用,每天使用时间约4h。

5.功能性房间使用时间:比赛用更衣室、休息室、包厢等仅在需要时使用,使用天数在100天左右。

奥体中心大量采用荧光灯照明,相对于LED照明灯来说,功率高且故障率高,使用寿命短,光效率也不高。奥体中心照明灯具已投入使用多年,其平均照度在150Lux左右 。不符合标准照度要求,更换LED光源可提高其平均照度至300Lux,并且能够节省大量电能。

5.3.3　其他设备使用情况

1)改造供暖设备情况

济南奥体中心冬季供暖采用市政供暖,体育馆、网球馆、游泳馆均无总热量表,无供热自动调控装置和系统。其中体育馆南训区和北训区采用的供暖末端为钢管串片式暖气片,散热效率低,需要开启两台风机进行辅助加热。为东三馆加装分时分温控制装置,可实现在夜间场馆不开放时间采用保温处理,并为体育馆更换铜铝复合式高效率暖气片,可为其冬季供热节省大量能源。

2)新能源使用情况

体育馆和网球馆当前无可再生能源利用系统,游泳馆采用一部分太阳能热水器,为泳池提供热水取得良好效果,其太阳能资源非常丰富。经现场考察体育馆加装导光管照明系统,可节省大量的电能。

3)能耗监测平台

奥体中心电能数据具有分项计量功能,用于其日常管理使用,供暖系统和水系统没有具有远传功能的计量装置,没有建设公共建筑能耗监测平台。能耗数据不能按照需要进行公共建筑能耗数据的分析和管理。现需要对东三馆安装智能水量表和智能热量表,对其供暖和用水数据进行计量。安装多功能采集器对其用电数据、用水数据和供暖数据进行采集和传输,同时建设公共建筑能耗监测平台。

4)智能照明控制系统

奥体中心建有一套ABB智能照明控制系统,由于年限较长,缺乏日常维护,并且经过多次线路调整后,有部分区域已经不能正常使用。本次改造需要对其进行线路故障排查,设备故障排查,系统的更新和对接,以及现有控制场景的更新。

第6章　济南奥体中心改造方案

6.1　照明系统节能改造

6.1.1　LED 照明节能改造说明

LED 照明灯具改造之前,奥体中心光源型号主要为日光灯、筒灯、吸顶灯,且都为普通荧光灯。此次改造把全部荧光灯换成 LED 节能灯。

LED(Light-Emitting-Diode)中文意思为发光二极管,是一种能够将电能转化为可见光的半导体,它改变了白炽灯钨丝发光与节能灯三基色粉发光的原理,而采用电场发光。据分析,LED 的优点非常明显,寿命长、光效高、无辐射与低功耗。LED 的光谱几乎全部集中于可见光频段,其发光效率可达 100% ~130%。将 LED 与普通白炽灯、螺旋节能灯及 T8、T5 三基色荧光灯进行对比,结果显示:LED 以绝对的光学参数和电学参数领先于这些传统灯具,并且 LED 灯具免维护、寿命长的特点。

LED 灯具与传统灯具相比较其优点如下:

(1)环保无污染

传统的灯具中含有大量的水银蒸汽,如果破碎水银蒸汽则会挥发到大气中而污染环境。但 LED 日光灯则根本不使用水银,且 LED 产品也不含铅,对环境起到保护作用。LED 日光灯被公认为是 21 世纪的绿色照明。

(2)高效转换减少发热

传统灯具会产生大量的热能,而 LED 灯具则是把电能全都转换为光能,不会造成能源的浪费。发光热量很小,对灯具材料的耐热性要求不是很高。而且对文件,衣物也不会产生褪色现象。光束集中,更易于控制,且不需要用反射器聚光,有利于减小灯具的深度。

(3)清静舒适,无噪声

LED 灯具不产生噪声,对于使用精密电子仪器的场合为上佳之选。适合于办公之类的场合。

(4)光线柔和,保护眼睛

传统的灯具使用的是交流电,所以会产生 100 ~120 次/s 的频闪。LED 灯具是把交流电直接转换为直流电,不会产生闪烁现象,保护眼睛。

(5)无紫外线,不招蚊虫

LED 灯具不会产生紫外线,因此不会像传统的灯具那样,有很多蚊虫围绕在灯具旁,从而使得室内卫生整洁。

(6)电压可调 80 ~265V

传统的灯具是通过整流器释放的高电压来点亮的,当电压降低时则无法点亮。而 LED

灯具在一定范围的电压之内都能点亮,还能调整光亮度。

(7)节省能源,寿命更长

LED 日光灯的耗电量低于传统日光灯耗电量的二分之一,寿命也是传统日光灯的 10 倍,可以长期使用而无须更换,减少人工费用,更适合难于更换的场合。无灯丝结构发热量少,正常使用在 6 年以上。

(8)坚固牢靠,长久使用

LED 灯体本身使用的是环氧树脂而并非传统的玻璃,更坚固牢靠,即使掉落在地板上 LED 也不会轻易损坏,可以放心地使用。

(9)LED 灯具的应用场所

LED 灯具有体积小、耗电低、寿命长、无毒环保等诸多优点,目前,LED 灯照明已大量应用于医院等大型公共建筑内、建筑景观照明,商业广场、酒店等夜景照明,汽车前照灯、后指示灯,工程隧道、地铁、办公楼照明等场所。

6.1.2　LED 照明改造施工方案

1)项目施工流程

原有灯具拆除→检查灯具→改造线路→灯具安装→通电运行。

2)施工方案

为保证项目的顺利实施,在成立项目管理组织机构之后,制订明确的项目管理计划,采取具体保证措施,明确分工,有计划、有控制地完成整个项目的实施。

在施工期间,施工人员全部配备必要的劳保用品,尤其是安全带等安全防护用品,杜绝安全事故的发生。工程项目实施完成,灯具亮灯 24h 后,可组织验收工作。

3)灯管接线安装技术方案

为了安全起见,我们选用具有电工资格人员进行 LED 灯管的安装替换。在安装替换照明产品的时候,必切断电源。产品规格为 AC85 ~ 265V　50/60Hz,首先对现有照明产品的输入电压进行确认。为了能正确、安全地使用,安装人员必须在使用前阅读《安全注意事项、产品规格书》。

LED 灯管是内置驱动电源的设计,电源接线方式如图 6-1 所示,将 AC 电源直接连接到两侧(L 端子、N 端子)。

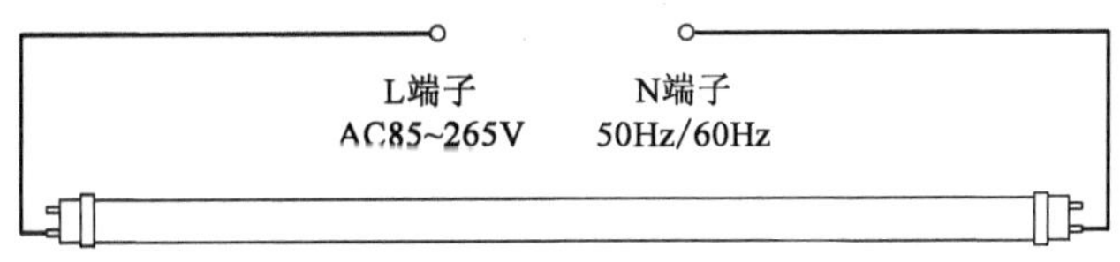

图 6-1　LED 灯管电源接线方式

传统荧光灯管替换成 LED 灯管的接线方式如下:

(1)线圈镇流器式荧光灯管的替换接线方式说明

线圈镇流器式荧光灯管的替换接线方式如图 6-2 所示。

(2)电子镇流器式荧光灯管的替换接线方式说明

电子镇流器式荧光灯管的替换接线方式如图 6-3 所示。

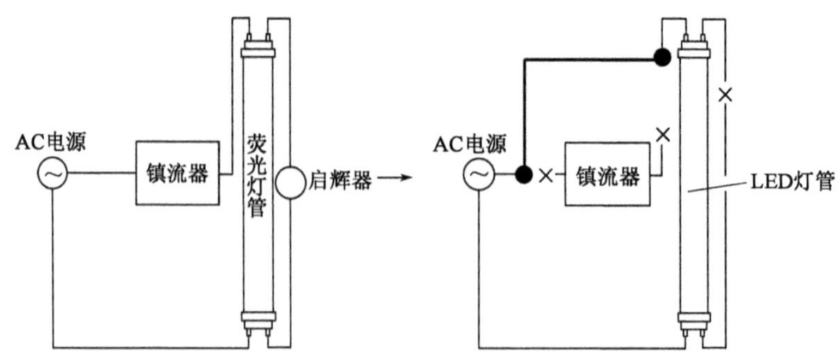

图 6-2　替换接线方式说明

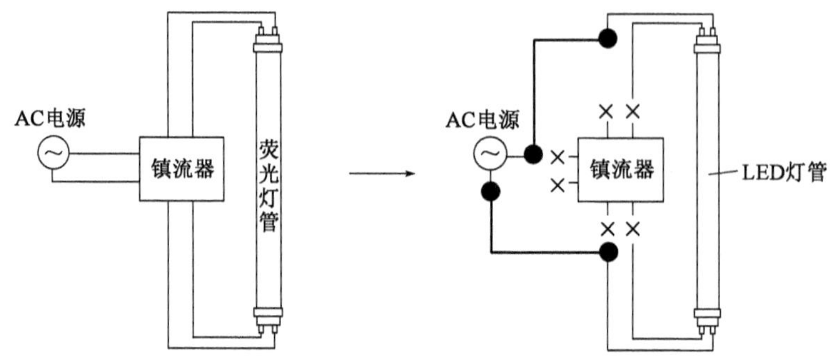

图 6-3　电子镇流器式荧光灯管的替换接线方式

(3)接线实例图

接线实例如图 6-4 ~ 图 6-7 所示。

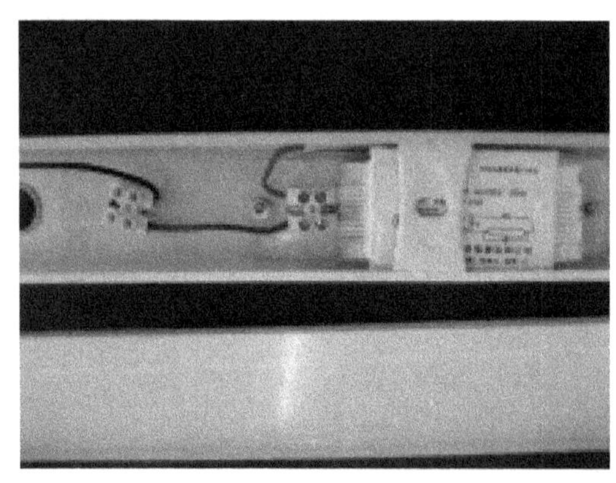

图 6-4　原支架内镇流器走线

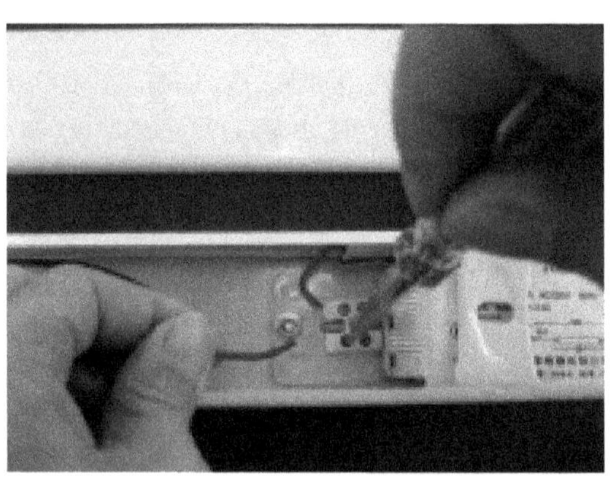

图 6-5　用螺丝刀卸下压线螺钉

(4)LED 灯盘安装方式

①取下天花板上预安装灯具的板块,将灯盘(图 6-8)拿起,注意取格栅反光罩时轻拿轻放,不要刮伤,将灯具本体放置已预留好的天花龙骨上,放置时请注意四边的位置,让其灯具四边完全搁置龙骨条上,以免灯具掉落。注意当灯具较重时,请用铁丝将灯具吊装在天花板上。

②将电源线从出线孔穿入,正确地接于接线端子处,请注意 L 标识处接火线,N 标识处接零线,地标识处接地线。

③正确地装入光源，装光源时请注意将光源卡入灯头槽内，听到啪的一声后，表示光源与灯头铜片处接触良好。

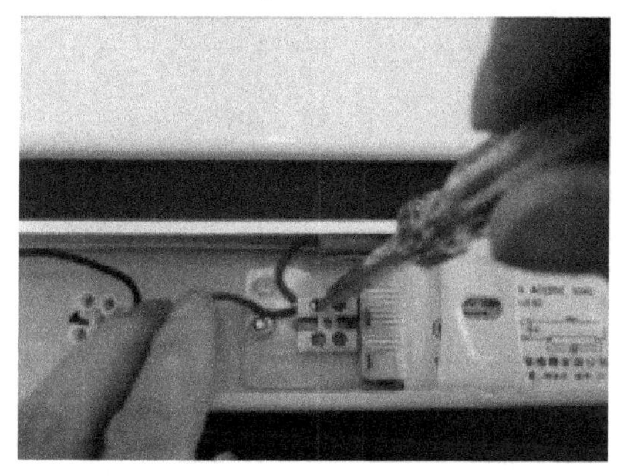

图6-6　短路镇流器

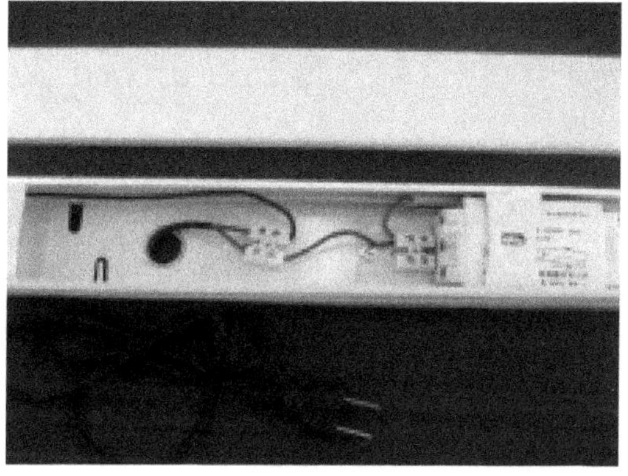

图6-7　改线完成走线方式

(5)安装注意事项

①为了确保安全安装、维修、检查灯具，请委托电器专业人员负责，非专业人员施工容易发生危险。

②不能使用大于特定最大功率的光源，请参照产品上的功率贴纸；灯具不能被隔热衬垫或类似材料盖住。

③请勿安装于高温物体上方和潮湿场所。

④请勿与调光器并联使用避免出现故障。

⑤维护、安装、更换光源之前务请切断电源。

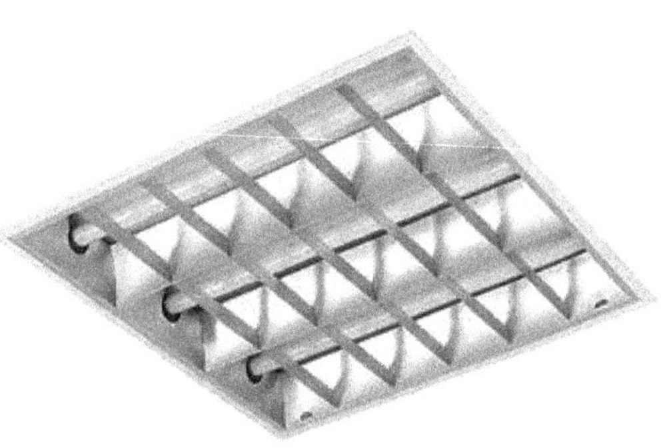

图6-8　LED灯盘模型

6.1.3　LED节能灯改造配置清单

奥体中心体育馆、网球馆、游泳馆体育照明的射灯均未参与改造，仅对其日常照明部分进行改造，日常照明为日光灯，现有日光灯色温均在6000K左右，现对其办公区更换为色温4000K的LED，对其公共区域更换色温6000K的LED灯，具体情况如表6-1～表6-3所示。

体育馆照明系统改造清单　　表6-1

类　别	功率(W)	数量(支)	参　数
日光灯	16	879	16W T8 4000K
	16	784	16W T8 6500K
	16	780	16W T8 6500K
	16	213	16W T8 6500K
	16	639	16W T8 6500K
	8	480	8W T8 6500K
	12	784	12W T8 4000K

续上表

类　别	功率(W)	数量(支)	参　数
筒灯	12	398	12W　4000K
	12	350	12W　6500K
	7	700	7W　6500K
	7	182	7W　6500K
	18	546	18W　6500K
吸顶灯	18	60	18W　6500K

网球馆照明系统改造清单　表 6-2

类　别	功率(W)	数量(支)	参　数
日光灯	16	720	16W T8 4000K
	16	480	16W T8 6500K
	16	246	16W T8 6500K
	16	492	16W T8 6500K
筒灯	15	248	15W　4000K
	15	340	15W　6500K
	15	660	15W　6500K
	12	340	12W　4000K
	12	254	12W　6500K
	7	66	7W　6500K
	7	198	7W　6500K
吸顶灯	18	164	18W　6500K

游泳馆照明系统改造清单　表 6-3

类　别	功率(W)	数量(支)	参　数
日光灯	16	810	16W　4000K
	16	640	16W　6500K
	16	321	16W　6500K
	16	642	16W　6500K
	16	321	16W　6500K
	8	956	8W　4000K
筒灯	15	280	15W　4000K
	12	310	12W　6500K
	12	620	12W　6500K
	12	310	12W　6500K
	7	209	7W　6500K
	7	627	7W　6500K

续上表

类　别	功率(W)	数量(支)	参　数
吸顶灯	18	437	18W　6500K
	12	150	12W　6500K

光源更换完成后可使其平均照度达到300Lux,在相同的使用情况下可节约50%左右的电能。

6.2　空调系统节能改造

6.2.1　空调设备改造设计原理

1)冷却水系统采用最佳热转换效率控制

为全天候的保证中央空调系统高效运行,在不同的室外环境温度和湿度的条件下,冷却水系统的水温应该在22~32℃之间动态调整。当室外环境温度和湿度均较高的情况下,冷却水温度不可能有效降低,即使冷却塔全负荷运转,冷却水温也只能达到30℃左右,同时济南夏季白天温度维持在30℃以上,冷却水水温更不容易降低,当室外环境温度较低时,冷却水温度可以有效降低至27℃,这将大大提高冷水机组的运行效率,达到运行节能的目的。

当环境温度、空调末端负荷发生变化时,中央空调主机的负荷率将随之变化,主机冷凝器的最佳热转换温度也随之变化。能效控制总柜依据所采集的实时数据,计算出主机冷凝器的最佳热转换温度(拐点温度)及冷却水最佳出、入口温度,并以此调节冷却水泵的输出功率,动态调节冷却水的流量,使冷却水的进、出口温度逼近中央空调系统能效控制器给出的最优值,从而保证中央空调主机随时处于最佳转换效率状态下运行。

2)冷却水系统最佳输出能效控制

中央空调冷却水系统的循环流量和出水温度是根据建筑需求的变化而动态调整的。当环境温度、空调末端负荷发生变化时,各路冷却水供回水温度、温差、压差和流量亦随之变化,能效控制总柜依据所采集的实时数据,计算出末端空调负荷所需的制冷量,以及各路冷却水供回水温度、温差、压差和流量的最佳值,以此调节设备输出所需要的功率,改变其流量使冷却水系统的供回水温度、温差、压差和流量运行参数,始终处于最优值。

3)冷却塔风机的能效控制

由于冷却水系统采用最佳转换效率控制,保证了中央空调主机在满负荷和部分负荷的情况下,均处于最佳工作状态,始终保持最佳的能源利用效率,同时因冷却水泵和冷却塔风机经常在低于额定负荷下运行,冷却塔风机需根据冷却水的水温来控制冷却塔风机开停及开停数量。最大限度地降低了冷却塔风机的能量消耗。

6.2.2　空调系统节能原理

由流体传输设备水泵的工作原理可知:水泵的流量与其转速成正比;水泵的压力(扬程)与其转速的平方成正比,而水泵的轴功率等于流量与压力的乘积,故水泵的轴功率与其转速的三次方成正比(即与电源频率的三次方成正比)。根据上述原理可知:改变水泵的转速就可改变水泵的输出功率。例如:将供电频率由50Hz降为45Hz,则 $P_{45}/P_{50}=453/503=0.729$,即 $P_{45}=0.729P_{50}$(P 为电机轴功率);将供电频率由50Hz降为40Hz,则 $P_{40}/P_{50}=$

403/503 =0.512,即 $P_{40}=0.512P_{50}$(P 为电机轴功率),功效计算见表 6-4,功率变化曲线如图 6-9 所示。

空调系统功效计算表　　表 6-4

频率 f(Hz)	转速 n(%)	流量 Q(%)	压力 H(%)	轴功率 P(%)
50	100	100	100	100
45	90	90	81	72.9
40	80	80	64	51.2
35	70	70	49	34.3
30	60	60	36	21.6

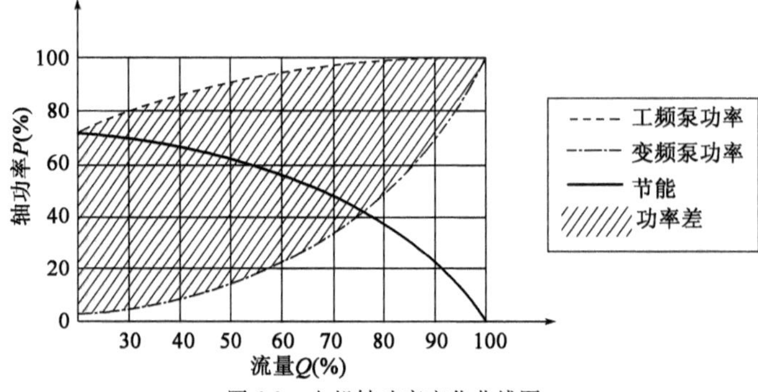

图 6-9　电机轴功率变化曲线图

根据当前的运行状况,空调水系统的日常运行温差低于设计温差,通常只有 2~3℃,因此可以采取水泵变频的措施降低水泵的运行能耗。理论上若达到 5℃温差,可以降低 40% 的流量,但随着频率的下降,水泵压头也会下降,有可能会造成部分房间达不到供冷需求,当以 80% 流量运行时能满足所有房间的供给,因此按照减少 20% 流量以 80% 的流量运行,理论上 80% 流量运行的水泵功耗为:

$$P=(0.8)3\times P_0=0.512P_0$$

从上式可知,若以 80% 流量运行,可节省近 50% 的功耗,即使考虑到效率因素,其节能量也会超过 40%。根据日常运行,建筑的实际需求负荷远小于设计负荷,而整个建筑环境温度的改变又具有时延特性,因此通过优化工作时间内主机运行时间达到节能目标。

6.2.3　空调系统设备清单

空调系统设备清单见表 6-5。

空调系统设备清单　　表 6-5

序号	设 备 名 称	规 格 参 数	数量	负载设备功率	备　注
1	二次冷冻循环泵变频控制柜	132~22I	4	132kW×4 台(2 用 2 备)	中央空调系统
2	一次冷冻循环泵变频控制柜	90~12I	3	90kW×3 台(1 用 2 备)	
3	冷却水循环泵变频控制柜	75~23I	5	75kW×5 台(2 用 3 备)	
4	冷却塔风机馈电柜	22-K	4	22kW×4 台(4 用)	
5	气候补偿器	50Hz/T0.5%	1	—	
6	智能控制总柜	A/PC	1	—	
7	能效管理计算机(上位机)		1	—	

续上表

序号	设备名称	规格参数	数量	负载设备功率	备注
8	温度变送器	4～20mA	6	—	设备采集信号
9	压力变送器	4～20mA	6	—	
10	流量传感器		3	—	
11	温、湿度变送器	-20～+50℃	1	—	

泵房实际运行情况为通常需要开启566kW冷机1台、90kW一次冷冻泵1台、132kW二次冷冻泵1台、75kW冷却水泵2台、11kW风机4台。根据以上计算将水泵运行频率调到80%时其节省能量在40%左右。实际运行时节省能量应高于该数值。

6.3 供暖系统节能改造

体育馆、网球馆、游泳馆供暖系统采用分时分温控制，在夜间非开放时段进行保温运行，体育馆训练场暖气片更换为铜铝复合式暖气片。

6.3.1 分时分温控制系统

对奥体中心供暖输配系统进行分时分温控制。在三个场馆热力入口处安装电动调节阀，由安装在楼房典型房间内的室温传感器无线发来的温度信号控制电动调节阀的开度，从而保证在21:30—5:30时段建筑物内温度保持在9℃左右。

楼宇现场分时分温控制系统的控制原理如图6-10所示。

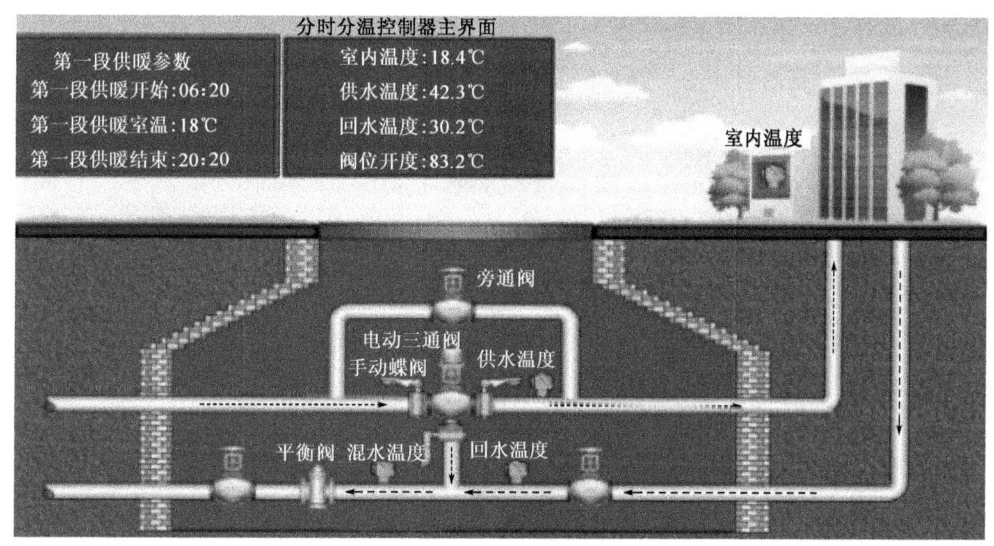

图6-10 供热改造系统图

从图6-10中可以看出，当需要调整楼宇负荷时只需通过调节进入楼宇的流量就可达到调节室内温度的目的。供暖系统分时分温控制改造清单见表6-6。

供暖系统分时分温控制改造清单　　表 6-6

序　号	名　称	数　量	参　数	备　注
1	电动执行器	3	NK10-ZN-24-B	—
2	温度传感器	3	4～20mA	—
3	压力传感器	3	4～20mA	—
4	分时分温控制柜	3	AC220V，-20～+60℃	—

6.3.2 供暖末端更换

体育馆内的训练场采用钢管串片式暖气片，散热效果不好，为了使场地内的温度能够达到 15 度以上需要开启两台 15kW 的风机进行辅助加热，风机热源也是市政供热。更换高效的铜铝复合暖气片后，散热效率大大提高，无须使用风机进行辅助加热，可以节省风机开启的电能。供暖末端改造清单见表 6-7。

供暖末端改造清单　　表 6-7

产品名称	型号及规格	片　数	数　量	口　径
铜铝复合散热器	中心距 500mm	25	55	DN20
铜铝复合散热器	中心距 500mm	5	8	DN20

6.4 能耗监测及计量系统

6.4.1 能耗计量改造说明

能耗计量改造说明如图 6-11 所示。

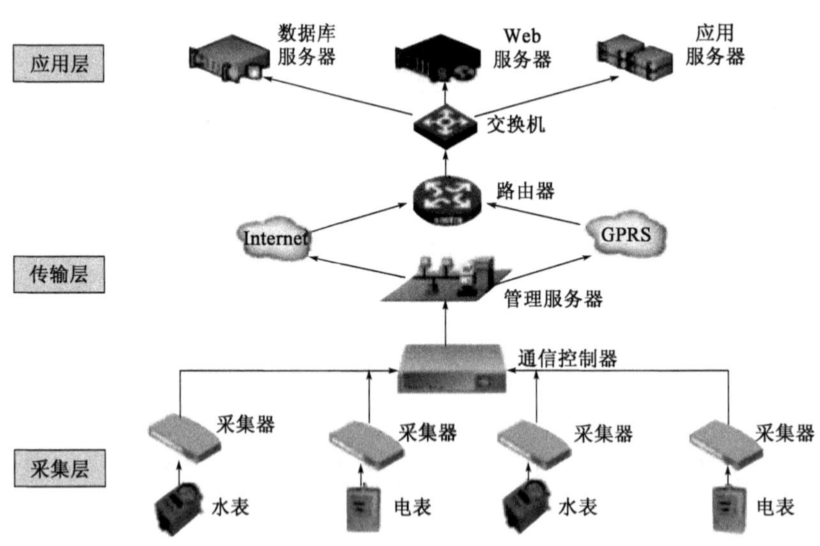

图 6-11　能耗计量改造说明

如图 6-11 中所示，此次奥体中心能源计量改造选用能源监测与管理系统，系统含有三层网络架构，分别为采集层、传输层、应用层，其每层功能如下：

(1)采集层:由安装在现场各计量采集点的具有远传功能的多功能电能表、水表、燃气表构成,完成分类、分项数据采集。

(2)传输层:由数据采集器、通信控制器等设备构成,实现各类数据的网络传输、汇总和处理。

(3)应用层:由能源监测与管理子系统软件、数据库服务器、管理计算机及附属设备构成。实现统计、分析、评价和能耗数据上报。

通过对奥体中心设备电能统计和部分管理水量计量,实现能源的管理控制,同时所有能源统计数据通过数据采集器连接到能耗监测平台(上位机)实现数据的显示、分析、运算和报表打印等功能。

6.4.2 能耗计量改造施工方案

在办公照明配电箱、公共照明配电箱、应急照明配电箱、空调机房层箱等设备配电箱分别接入多功能采集器对各设备的三相电流、电压、有功功率、有功电度、无功功率、无功电度、有功功率因数、频率等电参数进行采集和计量。在三个场馆的用水管路安装水表对用水量进行采集和计量。对三个场馆的冬季供热管路安装热量表对用热数据进行采集和计量。

所有三相多功能电能表、水表和热量表通过屏蔽双绞线连接至最近电表数据采集器。在每个场馆总配电箱处配置一个网络交换机,馆内所有数据采集器通过超六类屏蔽双绞线连接,如果超六类屏蔽网线线辐射距离超过100m,则需要把超六类屏蔽网线换成光纤(需配置光纤输发器或采用具有可以直接接光纤功能的网络交换机)。三个馆内网络交换机连接到中央控制室。通过上位机可实现对能耗监测设备的集中监视、统一管理,从而提供一个舒适、安全的生活和工作环境,并通过优化控制提高管理水平,从而达到节约能源和人工成本,更进一步地、方便地实现管理自动化。能耗监测平台配置清单见表6-8。

能耗监测平台配置清单　　表6-8

名　称	规 格 参 数	数　量	备　注
网络交换机	SG1008D	3	—
电(水)表数据采集器	ASDU-RW	9	—
智能水表	RS485	20	—
热量表	RS485	3	—
铸钢闸阀及法兰	铸钢	6	—
过滤器	铸钢	3	—
现场小控制箱(mm)	400×400×200	15	安装数据采集器
平台软件	MHPT	1	—

6.5 智能照明控制系统节能改造

奥体中心建有一套ABB智能照明控制系统,由于年限较长,缺乏日常维护,并且经过多次线路调整后,有部分区域已经不能正常使用。本次改造需要对其进行线路故障排查,设备故障排查,系统的更新和对接,以及现有控制场景的更新。

确保其改造后与原系统相互兼容，需采用与原系统一致的 ABB 设备，使用元器件清单见表 6-9。

元器件清单表 表 6-9

序号	设备名称	设备型号	数量	厂家
1	四路开关模块	SA/S4.16	16	ABB
2	八路开关模块	SA/S8.16	10	ABB
3	电源模块	SV/S30.640	5	ABB
4	线路耦合器	LK/S4.2	3	ABB

6.6 太阳能热水系统

《济南奥林匹克体育中心体育馆、网球馆、游泳馆节能改造方案》中计划在体育馆安装导光管项目，因导光管在实际安装中布点密度大、延长管较长，会对原建筑结构和功能造成一定影响，而其他场所对导光管无需求，济南奥林匹克体育中心、济南明湖建筑节能技术开发有限公司通过协商，结合实际情况，将方案调整为：将体育馆安装导光管的项目取消，增加网球馆太阳能热水系统修复项目。

网球馆在建馆时已安装太阳能热水系统，目前该系统已使用近 8 年，系统老化问题严重，尤其是锈蚀、堵漏问题已致部分热水器停用，严重影响供水要求。本次改造计划将网球馆原有太阳能热水系统进行改造和维护，恢复系统正常运行。

(1) 更换损坏的太阳能集热管

太阳能热水器呈 8×14 矩阵式排列，共有 112 台，每台热水器有 12 根集热管。根据现场勘验，共有 450 根集热管出现破裂、损坏等情况，严重影响热水供应，急需更换。本次改造拟采用相同型号的真空集热管进行更换，使系统恢复使用，如图 6-12 所示。

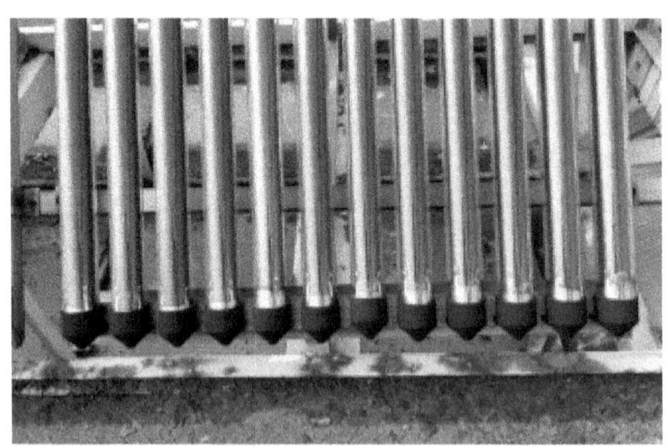

图 6-12 太阳能集热管

(2) 更换耐温压力表、表弯、针型阀门

由于长期暴露在室外，加之水质差、空气污染等原因，压力表、表弯、针型阀门各个部件已严重锈蚀，如图 6-13、图 6-14 所示，部分已造成管路堵塞、渗漏，严重影响系统的正常运转,本次改造会将现场的耐温压力表、表弯、针型阀门全部更换。

图 6-13　耐温压力表

图 6-14　表弯

（3）管道的更换及保温

经勘验,系统管路老化、锈蚀现象非常严重,严重时会迫使系统停用,急需更换。本次改造将全部锈蚀的管路更换为镀锌钢管,并将管路进行保温,如图 6-15、图 6-16 所示。

图 6-15　锈蚀的管道

图 6-16　镀锌管道

（4）升级太阳能集热控制系统

现有控制系统已出现集热器及管道温度无法采集、部分控制功能失效等问题,本次改造会将系统升级,使各项控制正常使用,系统达到正常启用状态。

第 7 章　济南奥体中心节能改造施工过程

7.1　照明系统

7.1.1　灯具改造

开竣工日期:2016 年 11 月 20 日—2017 年 6 月 20 日。

项目概况:本项目位于济南奥林匹克体育中心体育馆、网球馆、游泳馆。走廊、办公室、卫生间等公共区域各种型号的荧光灯全部更换为 LED 节能灯具。

1)筒灯改造前后对比

(1)单支筒灯改造过程中及改造前后状况如图 7-1 ~ 图 7-3 所示。

图 7-1　改造前

图 7-2　改造中

图 7-3　改造后

(2)组合筒灯改造过程中及改造前后状况如图 7-4 ~ 图 7-6 所示。

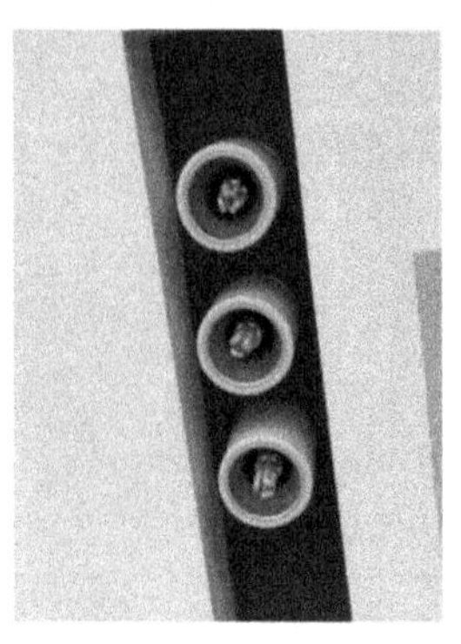

图 7-4　改造前

图 7-5　改造中

图 7-6　改造后

2)LED 灯管改造前后对比图

LED 灯管改造过程中及改造前后状况如图 7-7 ~ 图 7-9 所示。

图 7-7　改造前

图 7-8　改造中

图 7-9　改造后

7.1.2　智能照明控制系统改造

开竣工日期:2017 年 5 月 1 日—2017 年 6 月 20 日。

工程概况:本项目位于济南奥林匹克体育中心体育馆、网球馆、游泳馆,公共区域智能照明控制系统修复及改造。

智能照明控制系统改造过程中及改造后状况如图 7-10 ~ 图 7-12 所示。

图 7-10　改造中

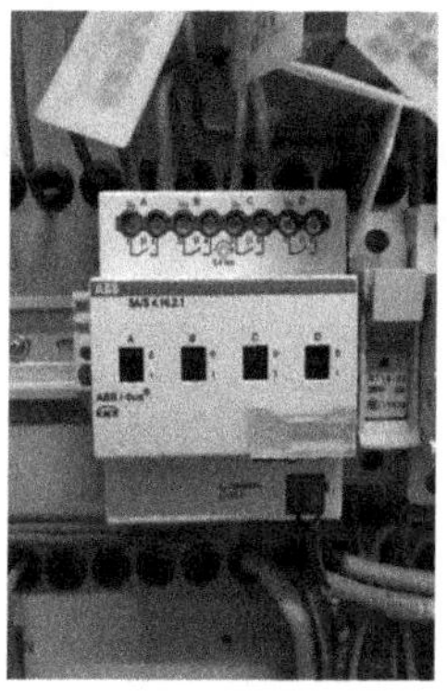

图 7-11　改造后 1

图 7-12　改造后 2

7.2　空调供暖系统

7.2.1　空调系统改造

开竣工日期:2017 年 3 月 15 日—2017 年 4 月 20 日。

工程概况:本项目位于济南奥林匹克体育中心能源中心及各馆换热站。新安装二次冷冻循环泵能效控制柜、一次冷冻循环泵能效控制柜、冷却水循环泵能效控制柜、冷却塔风机配电柜、智能控制总柜、能效管理计算机(上位机)、温度变送器(6 只)、压力变送器(6 只)、温、湿度变送器;电动执行器含阀门及阀门连接件(3 个)、温度传感器(3 只)、压力传感器(3 只)、分时分温控制柜(3 个)、热量表(3 个)。

1)空调控制柜改造前后对比

空调控制柜改造过程中及改造前后状况如图 7-13 ~ 图 7-15 所示。

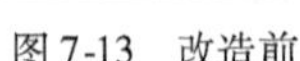

图 7-13　改造前

图 7-14　改造中

图 7-15　改造后

2)加装设备

加装设备如图 7-16 及图 7-17 所示。

图 7-16　温度传感器、压力传感器

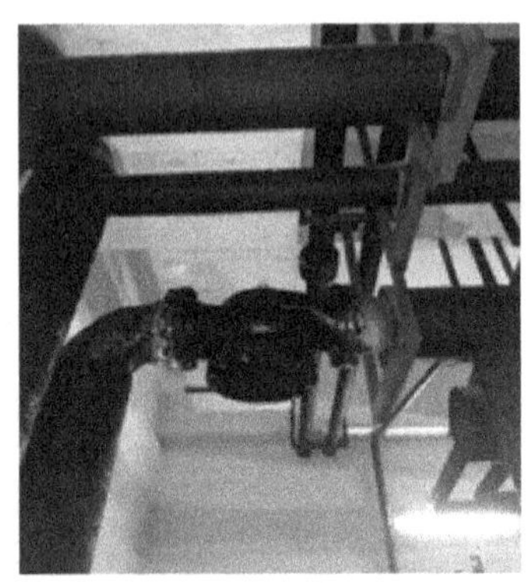

图 7-17　气候补偿器

7.2.2　供暖系统改造

开竣工日期:2016 年 11 月 10 日—2016 年 11 月 15 日。

工程概况:本项目位于体育馆南、北训练馆内,原来采用钢管串片式暖气片,散热效果不好,部分已损坏。现更换为铜铝复合式散热器,散热效率大大提高。北训馆共计更换 28 组,南训共计更换 35 组,总计更换 63 组。新增暖气片支架 65 个。

供暖系统改造过程中及改造前后状况如图 7-18 ~ 图 7-20 所示。

图 7-18　改造前

图 7-19　改造中

图 7-20　改造后

7.3　能耗监测及计量系统

7.3.1　能耗监测系统改造

开竣工日期:2017 年 5 月 1 日—2017 年 6 月 20 日。

工程概况:本项目位于体育馆、网球馆、游泳馆各配电中心机房,新增六组用于电能数据采集的通讯管理机,体育馆新增用于数据处理的平台软件,一个用于数据通信的网卡设备。

7.3.2　智能远传水表改造

改造过程中及改造前后状况如图 7-21 ~ 图 7-23 所示。

图 7-21　改造前

图 7-22　改造中

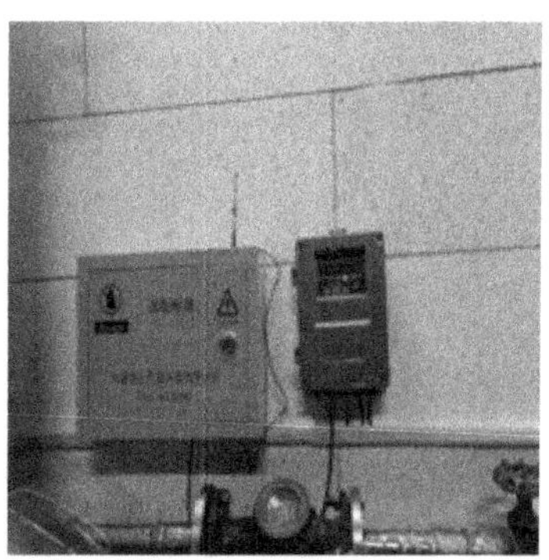

图 7-23　改造后

7.3.3　超声波热量表改造

改造过程中及改造前后状况如图 7-24 ~ 图 7-26 所示。

图 7-24　改造前

图 7-25　改造中

图 7-26　改造后

7.3.4　热量表采集器改造

改造过程中及改造前后状况如图 7-27 ~ 图 7-29 所示。

7.3.5　水表采集器改造

改造过程中及改造前后状况如图 7-30 ~ 图 7-32 所示。

图 7-27　改造前

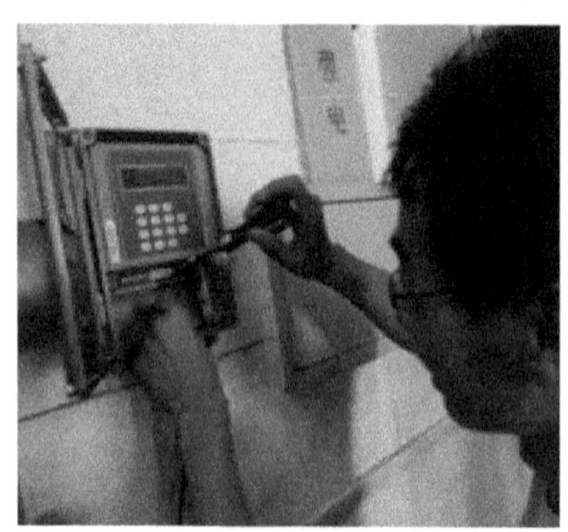
图 7-28　改造中

图 7-29　改造后

图 7-30　改造前

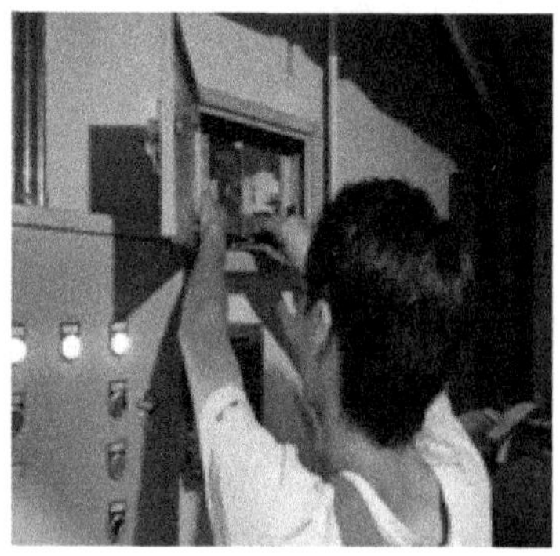
图 7-31　改造中

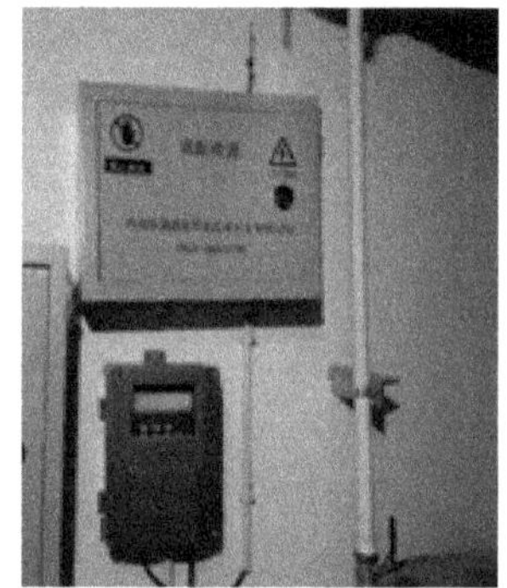
图 7-32　改造后

7.3.6　太阳能热水系统

开竣工日期:2017 年 7 月 19 日—2017 年 7 月 31 日。

工程概况:网球馆在建馆时已安装太阳能热水系统,目前该系统已使用近 8 年,系统老化问题严重,尤其是锈蚀、堵漏问题已致部分热水器停用,严重影响供水要求。现已修复太阳能集热控制系统,已更换损坏的太阳能真空集热管、耐温压力表、阀门、管件、管道及其保温;并将维修通道除锈处理。

太阳能热水系统改造过程及改造前后状况如图 7-33 ~ 图 7-35 所示。

图 7-33　改造前

图 7-34　改造中

图 7-35　改造后

第 8 章　济南奥体中心节能改造效果

8.1　项目基本情况

此次改造内容包括：中央空调能效控制与管理系统、荧光灯更换、暖气片更换、照明智能控制与管理系统、能源监测与管理系统、新技术光导照明应用系统。最终整个改造工程完成之后，实现降低总能耗 20% 以上的目标。

其中体育馆改造项目为空调系统、照明系统、供热系统、新技术使用；游泳馆改造项目为空调系统、照明系统、供热系统；网球馆改造项目为空调系统、照明系统、供热系统。

根据《全国公共建筑节能改造重点城市济南市建设实施方案》有关规定，此次各场馆改造面积情况如下：体育馆建筑面积为 59868m^2，此次改造面积为 55591m^2，未参与改造部分为体育馆场地 3010m^2，体育馆 A 入口商铺 1152 室 37m^2，体育馆 A 入口商铺 1153 室 37m^2，空调机房 1004 室 122m^2，空调机房 1011 室 84m^2，空调机房 1026 室 84m^2，空调机房 1029 室 90m^2，空调机房 1055 室 66m^2，空调机房 1068 室 47m^2，制冰机房 1066 室 122m^2，空调机房 1107 室 177m^2，空调机房 1113 室 122m^2，空调机房 1037 室 47m^2，空调机房 1155 室 178m^2，空调机房 1149 室 54m^2，共计 4277m^2。

网球馆建筑面积 36383m^2，此次改造面积为 24952m^2，未参与改造部分为室内训练馆 3312m^2，三层出租式办公 909m^2，四层出租式办公 909m^2，五层出租式办公 909m^2，中空公共区 409m^2，半决赛馆（包含商铺）4983m^2，共计 11431m^2。

游泳馆建筑面积 42480m^2，此次改造面积为 30986.67m^2，未参与改造部分为游泳馆地下一层（商铺）4660m^2，热身池大厅 1732m^2，竞赛池区域 4177m^2，观众大厅 33m^2，风机房 2003 室 48.96m^2，空调机房 2010 室 90.01m^2，空调机房 2034 室 231.44m^2，空调机房 101 室 192.92m^2，健身馆高空部分（运营大厅）328m^2，共计 11493.33m^2。

奥体中心体育馆改造部分年用能量折算成标准煤约为 4799243.65kW · h/年。网球馆改造部分年用能量折算成标准煤约为 2432426.55kW · h/年。游泳馆改造部分年用能量折算成标准煤约为 2969391.72kW · h/年。经分析，照明系统和供暖空调系统仍有较大的节能空间，故对于照明系统及供暖空调系统进行节能改造。

改造后预计体育馆所改造建筑整体降低能耗 24.57%，网球馆所改造建筑整体降低能耗 22.11%，游泳馆所改造建筑整体降低能耗 21.24%。

8.2　各系统改造后节能效益分析

8.2.1　照明系统改造后节能效益

1）照明系统改造后用能情况

奥体中心照明系统改造后用能计算见表 8-1 ~ 表 8-3。

体育馆改造后照明能耗情况　　表 8-1

分　类	功率(W)	数量(只)	时间(h)	天数(天)	能耗(kW·h)
日光灯	16	879	9	362	45820.512
	16	784	9	250	28224
	16	784	12	112	16859.136
	16	780	6	100	7488
	16	213	12	362	14804.352
	16	639	4	362	14804.352
	16	480	6	100	4608
	8	784	9	362	20434.176
筒灯	12	398	9	362	15560.208
	12	350	12	362	18244.8
	12	700	4	362	12163.2
	7	182	12	362	5534.256
	7	546	4	362	5534.256
吸顶灯	18	60	6	100	648
合计					210727.248

网球馆改造后照明能耗情况　　表 8-2

类　别	功率(W)	数量(只)	时间(h)	天数(天)	能耗(kW·h)
日光灯	16	720	9	362	37532.16
	16	480	6	100	4608
	16	246	12	362	17097.984
	16	492	4	362	11398.656
筒灯	18	248	9	362	14543.712
	18	340	12	362	26585.28
	18	660	4	362	17202.24
	12	340	6	100	2448
	12	254	9	362	9930.384
	7	66	12	362	2006.928
	7	198	4	362	2006.928
吸顶灯	18	164	9	362	9617.616
合计					154977.888

游泳馆改造后照明能耗情况　　表 8-3

类　别	功率(W)	数量(只)	时间(h)	天数(天)	能耗(kW·h)
日光灯	16	810	9	362	42223.68
	16	640	6	100	6144
	16	321	14	362	26029.248

续上表

类　别	功率(W)	数量(只)	时间(h)	天数(天)	能耗(kW·h)
日光灯	16	642	4	362	14873.856
	16	321	6	100	3081.6
	8	956	9	362	24917.184
筒灯	18	280	9	362	16420.32
	12	310	14	362	18852.96
	12	620	4	362	10773.12
	12	310	6	100	2232
	7	209	14	362	7414.484
	7	627	4	362	6355.272
吸顶灯	12	437	9	362	17084.952
	12	150	6	100	1080
合计					197482.676

2)计算总结

(1)体育馆

照明系统改造前能耗:464874.70kW·h。

照明系统改造后能耗:210727.24kW·h。

照明系统改造后节约能耗:

$$464874.70 - 210727.24 = 254147.45(\text{kW}\cdot\text{h})$$

折标煤为77514.97kgce。

(2)网球馆

照明系统改造前能耗:324374.8kW·h。

照明系统改造后能耗:154977.88kW·h。

照明系统改造后节约能耗:

$$324374.84 - 154977.88 = 169396.95(\text{kW}\cdot\text{h})$$

折标煤为51666.07kgce。

(3)游泳馆

照明系统改造前能耗:427859.74kW·h。

照明系统改造后能耗:197482.67kW·h。

照明系统改造后节约能耗:

$$427859.74 - 197482.67 = 230377.07(\text{kW}\cdot\text{h})$$

折标煤为70265.01kgce。

8.2.2　空调系统改造后节能效益分析

根据空调改造部分能源中心用能量和各场馆空调冷负荷分配其中央空调用能量,其中体育馆空调冷负荷6812kW、网球馆空调冷负荷2704kW、游泳馆空调冷负荷4509kW。

1)体育馆节能率核算

(1)体育馆照明系统改造前能耗为 464874.70kW·h;体育馆照明系统改造后能耗为 210727.24kW·h;体育馆照明系统改造后节约能耗 254147.45kW·h,折标准煤为 77514.97 kgce。

(2)体育馆新技术使用前能耗为 24151.68kW·h;体育馆新技术使用后能耗 7882.56kW·h;体育馆新技术使用后节约能耗为 16269.12kW·h,准折标准煤为 4962.08kgce。

(3)供热末端改造前能耗 43050kW·h;供热末端改造后能耗 5400kW·h;供热末端改造后节约能耗为 37650kW·h,折标准煤 11483.25kgce。

(4)供热分时分温控制改造前能耗 3213892.09kW·h;供热分时分温控制改造后节约能耗为 857037.89kW·h。

(5)体育馆空调系统改造前能耗:142688.56kW·h;体育馆空调系统改造后耗为 128705.08kW·h;体育馆空调系统改造后节能量为 13983.48kW·h,折标准煤 4264.96 kgce。

体育馆总节能量:

$$254147.45+16269.12+37650+857037.89+13983.48=1179087.94(\text{kW}\cdot\text{h})$$

体育馆改造后节能率:

$$\frac{1179087.94}{4799243.65}\times 100\% = 24.56\%$$

2)网球馆节能率核算

(1)照明系统改造前能耗为 324374.84kW·h;照明系统改造后能耗为 154977.88kW·h;照明系统改造后节约能耗 169396.95kW·h,折标煤为 51666.07kgce。

(2)供热分时分温控制改造前能耗 1366624.62kW·h;供热分时分温控制改造后节约能耗为 364433.23kW·h。

(3)网球馆空调系统改造前能耗为 41832.93kW·h;网球馆空调系统改造后能耗为 37733.30kW·h;网球馆空调系统改造后节能量为:4099.63kW·h,折标煤 1250.39kgce。

网球馆总节能量:

$$169396.95+364433.23+4099.63=537929.81(\text{kW}\cdot\text{h})$$

网球馆改造后节能率:

$$\frac{537929.81}{2432426.55}\times 100\% = 22.11\%$$

3)游泳馆节能率核算

(1)照明系统改造前能耗为 427859.74kW·h;照明系统改造后能耗为 197482.67kW·h;照明系统改造后节约能耗为 230377.07kW·h,折标煤为 70265.01kgce。

(2)供热分时分温控制改造前能耗 1572203.88kW·h;供热分时分温控制改造后节约能耗为 393050.97kW·h。

(3)游泳馆空调系统改造前能耗为 74195.13kW·h;游泳馆空调系统改造后能耗为 66924.01kW·h;游泳馆空调系统改造后节能量为 7271.12kW·h,折标煤 2217.69kgce。

游泳馆总节能量:

$$230377.07+393050.97+7271.12=630699.16\text{kW}\cdot\text{h}$$

游泳馆改造后节能率：

$$\frac{630699.16}{2969391.72} \times 100\% = 21.24\%$$

8.2.3　新技术使用后节能效益分析

体育场的室内训练场安装光导管后可节省约 30 组灯白天时间的照明，照明光源更换后，该部分灯更换为每组 14 支 16W 的 LED 灯。该训练场平时开放时间为 12:00—21:00，每天开放 9h，共计 250 天，周末及节假日开放时间为 9:00—21:00，每天开放 12h，共计 112 天。更换光导管之前该部分能耗为：

$$30 \times 14 \times 16 \times 9 \times \frac{250}{1000} + 30 \times 14 \times 16 \times 12 \times \frac{112}{1000} = 24151.68(\mathrm{kW \cdot h})$$

折标准煤 7366.26kgce。

安装光导管后每年 3 月到 11 月需在 18:00—21:00 时间段开灯，12 月到 2 月需在 17:00—21:00 时间段开灯。

改造完后能耗：

$$30 \times 14 \times 16 \times 3 \times \frac{275}{1000} + 30 \times 14 \times 16 \times 4 \times \frac{87}{1000} = 7882.56(\mathrm{kW \cdot h})$$

折标准煤 2404.18kgce。

体育馆安装光导管后节能量：

$$24151.68 - 7882.56 = 16269.12(\mathrm{kW \cdot h})$$

折标准煤为 4962.08kgce。

8.2.4　供暖系统改造后节能效益分析

体育馆内的训练场采用的钢管串片式暖气片，冬季训练场内温度为 9～10℃，需要开启两台风机进行辅助供热将场内温度提高到 15℃左右，风机使用时间为场馆开放时间前后各加 1h。现改造为铜铝复合式暖气片改造数量为 63 组。改造前的供回水回路每组散热功率约为 0.5×2kW，改造后每组散热功率约为 3kW，改造前暖气片总散热功率约为 63kW，改造后散热总功率约为 189kW，更换后场内温度可达到使用要求，理论上不需要在开启风机进行辅佐加热，在极寒天气需进行 3h 的辅助加热，实际使用情况小于 3h。体育场开放时间为周一至周五 12:00—21:00，每天 9h，供暖期间工作日一共有 83 天。周末及节假日 09:00—21:00，每天 12h，供暖期间假日为 37 天。根据以上数据计算如下：

供热末端改造前能耗：

$$15 \times 2 \times (11 \times 83 + 14 \times 37) = 43050(\mathrm{kW \cdot h})$$

供热末端改造后能耗：

$$15 \times 2 \times 3 \times 60 = 5400(\mathrm{kW \cdot h})$$

供热末端改造后节约能耗：

$$43050 - 5400 = 37650(\mathrm{kW \cdot h})$$

折标煤 11483.25kgce。

1）体育馆

体育馆供暖系统加装分时分温控制器，在夜间时段采用保温处理，在保证管路压力的情况下将阀门开度设为20%，奥体中心白天开放时间较长，夜间保温时间设为22:30到次日6:30共8h，体育馆分时分温系统改造效益分析：

体育馆分时分温系统改造前能耗：3213892.09kW·h。

体育馆分时分温系统改造后节约能耗：

（保温时间/24）×80%×体育馆改造部分供暖量=8/24×0.8×3213892.09=857037.89kW·h

2）网球馆

网球馆供暖系统加装分时分温控制器，在夜间时段采用保温处理，在保证管路压力的情况下将阀门开度设为20%，奥体中心白天开放时间较长，夜间保温时间设为22:30到次日6:30共8h，网球馆分时分温系统改造效益分析：

网球馆分时分温系统改造前能耗为：1366624.62kW·h。

网球馆分时分温系统改造后节约能耗为：

（保温时间/24）×80%×游泳馆改造部分供暖量=8/24×0.8×1366624.62=364433.23（kW·h）

3）游泳馆

游泳馆供暖系统加装分时分温控制器，在夜间时段采用保温处理，在保证管路压力的情况下将阀门开度设为20%，奥体中心白天开放时间较长，夜间保温时间设为21:30到次日5:00共7.5h，游泳馆分时分温系统改造效益分析：

游泳馆分时分温系统改造前能耗：1572203.88kW·h。

游泳馆分时分温系统改造后节约能耗：

（保温时间/24）×80%×游泳馆改造部分供暖量=7.5/24×0.8×1572203.88=393050.97（kW·h）

8.3 改造建设完成后各系统实现的效果

8.3.1 中央空调系统改造后实现的效果

运用建筑设备节能控制与管理平台，通过对中央空调冷冻水泵、冷却水泵、冷却塔风机、热水循环泵增加变频器及三项多功能电能表，实现水泵的实时动态跟踪调节、远程启停控制；同时完成对空调泵房水泵、照明配电箱、办公配电箱、电梯动力配电箱、空调机组配电箱等建筑设备用电量的计量，同时采集计量整栋建筑物的耗水量和冷热量，实现在线监测建筑设备运行状态、能耗负荷，最终对整个建筑的空调系统、泵房系统、照明系统、供配电系统、设备能耗计量系统集中监视、统一管理，实现智能监测、高效管理的目标。在满足空调末端冷量需求，确保设备安全可靠运行基础上，采用"设备端"单台设备小闭环、管理端大闭环系统协调管理控制提高节能率，全面提高空调设备运行的可靠性、安全性以及投资经济性，有效降低设备投入运行后的人员巡查、维护与保养成本。

8.3.2 照明系统改造实现的效果

照明方面我们采用直接将现有照明灯具更换为更为节能的LED灯具，更换完成后，照明功率降低为原来的一半左右，照明的光照度从原来的180Lux上升到现在的300Lux，照明效果大大增加。

8.3.3 供暖系统分时分区控制改造后的效果

对奥体中心供暖输配系统进行分时分温控制。在三个场馆热力入口处安装电动调节阀，根据回水的温度信号控制电动调节阀的开度，从而保证在夜间建筑物内室温处于保温状态。

楼宇现场分时分温控制系统的控制原理见图6-10。

从上系统图可以看出，当需要调整楼宇负荷时只需通过调节进入楼宇的流量就可达到调节室内温度的目的。

体育馆内的训练场采用钢管串片式暖气片，散热效果不好，为了使场地内的温度能够达到15℃以上需要开启两台15kW的风机进行辅助加热，风机热源也是市政供热。更换高效的铜铝复合暖气片后，散热效率大大提高，无须使用风机进行辅助加热，可以节省风机开启的电能。

8.3.4　能源计量系统改造实现的效果

通过对奥体中心设备电能统计和部分管理水量计量，实现能源的管理控制，同时所有能源统计数据通过数据采集器连接到能耗监测平台（上位机）实现数据的显示、分析、运算和报表打印等功能。

8.3.5　智能照明控制系统改造实现的效果

奥体中心建有一套ABB智能照明控制系统，由于年限较长，缺乏日常维护，并且经过多次线路调整后，有部分区域已经不能正常使用。本次改造需要对其进行线路故障排查，设备故障排查，系统的更新和对接，以及现有控制场景的更新。

确保其改造后与原系统相互兼容，需采用与原系统一致的ABB设备。

8.3.6　新技术和可再生能源系统改造实现的效果

太阳能热水器呈8×14矩阵式排列，共有112台，每台热水器有12根集热管。根据现场勘验，共有450根集热管出现破裂、损坏等情况，严重影响热水供应，急需更换。本次改造采用相同型号的真空集热管进行更换，使系统恢复使用。

由于长期暴露在室外，加之水质差、空气污染等原因，压力表、表弯、针型阀门各个部件已严重锈蚀，部分已造成管路堵塞、渗漏，严重影响系统的正常运转，本次改造将现场的耐温压力表、表弯、针型阀门全部更换。

系统管路老化、锈蚀现象非常严重，严重时会迫使系统停用，急需更换。本次改造将全部锈蚀的管路更换为镀锌钢管，并将管路进行保温。

现有控制系统已出现集热器及管道温度无法采集、部分控制功能失效等问题，本次改造将系统升级，使各项控制正常使用，系统达到正常启用状态。

8.4　项目改造报告

项目改造报告见表8-4。

项目改造报告　　　表8-4

（一）项目基本信息			
项目名称	济南奥林匹克体育中心体育馆、网球馆、游泳馆节能改造	建筑类型	□办公　□文化教育　□商业 ☑体育　□医疗卫生 □宾馆饭店　□综合　□其他
建筑面积（m^2）	138731	改造面积（m^2）	111529.67

续上表

<table>
<tr><td colspan="6">（一）项目基本信息</td></tr>
<tr><td>建设单位</td><td>济南奥林匹克体育中心</td><td>技术支撑单位</td><td colspan="3">济南明湖建筑节能技术开发有限公司</td></tr>
<tr><td>基准建筑能耗
（kWh/a）</td><td>体育馆:4799243.65
网球馆:2432426.55
游泳馆:2969391.72</td><td>前期评估节能率</td><td colspan="3">体育馆:24.57%
网球馆:22.11%
游泳馆:21.24%</td></tr>
<tr><td colspan="6">（二）项目改造情况</td></tr>
<tr><td rowspan="2">改造内容</td><td rowspan="2">用能设备名称</td><td colspan="2">实施量核查</td><td colspan="2">技术参数核查</td></tr>
<tr><td>方案实施量</td><td>实际实施量</td><td>方案参数</td><td>实际参数</td></tr>
<tr><td rowspan="7">体育馆
照明系统</td><td>日光灯</td><td>3295</td><td>1852</td><td>16W 6500/4000K</td><td>16W 6500K</td></tr>
<tr><td>日光灯</td><td>480</td><td>662</td><td>8W 6500K</td><td>8W 6500K</td></tr>
<tr><td>日光灯</td><td>784</td><td>0</td><td>12W 4000K</td><td></td></tr>
<tr><td>筒灯</td><td>748</td><td>0</td><td>12W 6500/4000K</td><td></td></tr>
<tr><td>筒灯</td><td>882</td><td>2310</td><td>7W 6500K</td><td>7W 6500K</td></tr>
<tr><td>筒灯</td><td>546</td><td>0</td><td>18W 6500K</td><td></td></tr>
<tr><td>吸顶灯</td><td>60</td><td>60</td><td>18W 6500K</td><td>10W 6500K</td></tr>
<tr><td rowspan="5">网球馆
照明系统</td><td>日光灯</td><td>1938</td><td>1148</td><td>16W 6500/4000K</td><td>16W 6500K</td></tr>
<tr><td>筒灯</td><td>1248</td><td>0</td><td>15W 6500/4000K</td><td></td></tr>
<tr><td>筒灯</td><td>594</td><td>1000</td><td>12W 6500/4000K</td><td>12W 6500K</td></tr>
<tr><td>筒灯</td><td>264</td><td>948</td><td>7W 6500K</td><td>7W 6500K</td></tr>
<tr><td>吸顶灯</td><td>164</td><td>30</td><td>18W 6500K</td><td>10W 6500K</td></tr>
<tr><td rowspan="9">游泳馆
照明系统</td><td>日光灯</td><td>2734</td><td>1136</td><td>16W 6500K/</td><td>16W 6500K</td></tr>
<tr><td>日光灯</td><td>956</td><td>438</td><td>8W 6500K</td><td>8W 6500K</td></tr>
<tr><td>日光灯</td><td>0</td><td>40</td><td></td><td>9W 6500K</td></tr>
<tr><td>筒灯</td><td>280</td><td>0</td><td>15W 4000K</td><td>15W 4000K</td></tr>
<tr><td>筒灯</td><td>930</td><td>0</td><td>12W 6500K</td><td>12W 6500K</td></tr>
<tr><td>筒灯</td><td>836</td><td>2402</td><td>7W 6500K</td><td>7W 6500K</td></tr>
<tr><td>吸顶灯</td><td>437</td><td>0</td><td>18W 6500K</td><td>18W 6500K</td></tr>
<tr><td>吸顶灯</td><td>150</td><td>0</td><td>12W 6500K</td><td>12W 6500K</td></tr>
<tr><td>吸顶灯</td><td>0</td><td>235</td><td></td><td>6W 6500K</td></tr>
<tr><td rowspan="3">空调系统</td><td>二次冷冻循环泵能效控制柜</td><td>2</td><td>2</td><td>132-22I</td><td>REAL-A4/132-22I</td></tr>
<tr><td>一次冷冻循环泵能效控制柜</td><td>2</td><td>1</td><td>90-12I</td><td>REAL-A2/90-11</td></tr>
<tr><td>冷却水循环泵能效控制柜</td><td>2</td><td>2</td><td>75-23I</td><td>REAL-A4/75-22II</td></tr>
</table>

续上表

（二）项目改造情况					
改造内容	用能设备名称	实施量核查		技术参数核查	
		方案实施量	实际实施量	方案参数	实际参数
空调系统	冷却塔风机馈电柜	1	1	22-K	REAL-A4/22-K
	气候补偿器	1	1	50Hz/T0.5%	50Hz/T0.5%
	智能控制总柜	1	1	A/PC	REAL-A/PC
	能效管理计算机	1	1	REAL-A	REAL-A
	温度变送器	6	6	4～20mA	0～100
	压力变送器	6	6	4～20mA	0～1.6MPA
	温、湿度变送器	1	1	－20～＋50℃	－20～＋50℃
可再生能源利用系统	阀门	28	28	DN20	DN20
	阀门	2	2	DN80	DN80
	压力表	28	28	1.6MPa	1.6MPa
	管件	1	1	活接、三通	活接、三通
	真空集热管	450	450	47×1500	47×1500
	排气阀	0	28	DN20	DN20
	保温棉	1	1	DN50×30	DN50×30
	镀锌管	0	220		DN50
能耗监测平台	系统软件	1	1	MHPT	SHZD
	电（水）表采集器	9	13	ASDU-RW	PMC1380
	交换机	1	0	SG1008D	
	路由器	0	1		TPlink
	远传水表	20	3	RS485	YK-100F/RS485
	超声波热量表	3	4	RS485	YK-100F/RS485
智能照明控制系统	四路开关模块	16	16	SA/S4.16	SA/S4.16
	八路开关模块	10	10	SA/S8.16	SA/S8.16
	电源模块	5	5	SV/S30.640	SV/S30.640
	线路耦合器	3	3	LK/S4.2	LK/S4.2
	多点信号软件	3	3	SA	SA
供暖系统	铜铝复合散热器	500DN20	1415	铜铝复合	铜铝复合
	铜铝复合散热器	600DN20	70	铜铝复合	铜铝复合
	电动执行器含阀门及阀门连接件	1	1	NK10-ZN-24-B	NK10-ZN-24-B DN300
	电动执行器含阀门及阀门连接件	2	2	NK10-ZN-24-B	NK10-ZN-24-B DN250
	温度传感器	3	3	4～20mA	4～20mA

续上表

<table>
<tr><td colspan="6">（二）项目改造情况</td></tr>
<tr><td rowspan="2">改造内容</td><td rowspan="2">用能设备名称</td><td colspan="2">实施量核查</td><td colspan="2">技术参数核查</td></tr>
<tr><td>方案实施量</td><td>实际实施量</td><td>方案参数</td><td>实际参数</td></tr>
<tr><td rowspan="2">供暖系统</td><td>压力传感器</td><td>3</td><td>3</td><td>4～20mA</td><td>4～20mA</td></tr>
<tr><td>分时分温控制柜</td><td>3</td><td>3</td><td>AC220V-20～+60℃</td><td>AC220V-20～+60℃</td></tr>
<tr><td colspan="6">（三）勘验结果</td></tr>
<tr><td>节能量
（kW·h/a）</td><td colspan="2">体育馆：1100855.72
网球馆：523431.21
游泳馆：615209.69</td><td>节能率（%）</td><td colspan="2">体育馆：22.94
网球馆：21.52
游泳馆：20.72</td></tr>
<tr><td colspan="6">通过现场勘验，该项目改造内容按节能方案中技术措施完成，实施量与方案量有部分调整，技术参数符合改造要求</td></tr>
</table>

附录A “十三五”节能减排目标

“十三五”各地区能耗总量和强度“双控”目标 附表1

地　区	“十三五”能耗强度降低目标（%）	2015年能源消费总量（万吨标准煤）	“十三五”能耗增量控制目标（万吨标准煤）
北京	17	6853	800
天津	17	8260	1040
河北	17	29395	3390
山西	15	19384	3010
内蒙古	14	18927	3570
辽宁	15	21667	3550
吉林	15	8142	1360
黑龙江	15	12126	1880
上海	17	11387	970
江苏	17	30235	3480
浙江	17	19610	2380
安徽	16	12332	1870
福建	16	12180	2320
江西	16	8440	1510
山东	17	37945	4070
河南	16	23161	3540
湖北	16	16404	2500
湖南	16	15469	2380
广东	17	30145	3650
广西	14	9761	1840
海南	10	1938	660
重庆	16	8934	1660
四川	16	19888	3020
贵州	14	9948	1850
云南	14	10357	1940
西藏	10	—	—
陕西	15	11716	2170
甘肃	14	7523	1430

续上表

地　　区	"十三五"能耗强度降低目标（%）	2015 年能源消费总量（万吨标准煤）	"十三五"能耗增量控制目标（万吨标准煤）
青海	10	4134	1120
宁夏	14	5405	1500
新疆	10	15651	3540

注：西藏自治区相关数据暂缺。

"十三五"主要行业和部门节能指标

附表 2

指　　标	单　　位	2015 年实际值	2020 年	
			目标值	变化幅度/变化率
工业：				
单位工业增加值（规模以上）能耗				[－18%]
火电供电煤耗	克标准煤/千瓦时	315	306	－9
吨钢综合能耗	千克标准煤	572	560	－12
水泥熟料综合能耗	千克标准煤/吨	112	105	－7
电解铝液交流电耗	千瓦时/吨	13350	13200	－150
炼油综合能耗	千克标准油/吨	65	63	－2
乙烯综合能耗	千克标准煤/吨	816	790	－26
合成氨综合能耗	千克标准煤/吨	1331	1300	－31
纸及纸板综合能耗	千克标准煤/吨	530	480	－50
建筑：				
城镇既有居住建筑节能改造累计面积	亿平方米	12.5	17.5	＋5
城镇公共建筑节能改造累计面积	亿平方米	1	2	＋1
城镇新建绿色建筑标准执行率	%	20	50	＋30
交通运输：				
铁路单位运输工作量综合能耗	吨标准煤/百万换算吨公里	4.71	4.47	[－5%]
营运车辆单位运输周转量能耗下降率				[－6.5%]
营运船舶单位运输周转量能耗下降率				[－6%]
民航业单位运输周转量能耗	千克标准煤/吨公里	0.433	<0.415	>[－4%]
新生产乘用车平均油耗	升/百公里	6.9	5	－1.9
公共机构：				
公共机构单位建筑面积能耗	千克标准煤/平方米	20.6	18.5	[－10%]
公共机构人均能耗	千克标准煤/人	370.7	330.0	[－11%]

续上表

指　　标		单　　位	2015 年实际值	2020 年	
				目标值	变化幅度/变化率
终端用能设备：					
燃煤工业锅炉(运行)效率		%	70	75	+5
电动机系统效率		%	70	75	+5
一级能效容积式空气压缩机市场占有率	小于 55kW	%	15	30	+15
	55kW 至 220kW	%	8	13	+5
	大于 220kW	%	5	8	+3
一级能效电力变压器市场占有率		%	0.1	10	+9.9
二级以上能效房间空调器市场占有率		%	22.6	50	+27.4
二级以上能效电冰箱市场占有率		%	98.3	99	+0.7
二级以上能效家用燃气热水器市场占有率		%	93.7	98	+4.3

注：[　]内为变化率。

“十三五”各地区化学需氧量排放总量控制计划　　附表 3

地　　区	2015 年排放量（万吨）	2020 年减排比例（%）	2020 年重点工程减排量（万吨）
北京	16.2	14.4	2.33
天津	20.9	14.4	2.47
河北	120.8	19.0	16.14
山西	40.5	17.6	4.75
内蒙古	83.6	7.1	5.19
辽宁	116.7	13.4	8.41
吉林	72.4	4.8	2.32
黑龙江	139.3	6.0	7.33
上海	19.9	14.5	2.72
江苏	105.5	13.5	10.39
浙江	68.3	19.2	7.64
安徽	87.1	9.9	7.70
福建	60.9	4.1	2.14
江西	71.6	4.3	2.73
山东	175.8	11.7	13.30
河南	128.7	18.4	16.98
湖北	98.6	9.9	8.25
湖南	120.8	10.1	10.49
广东	160.7	10.4	11.06

续上表

地　区	2015 年排放量（万吨）	2020 年减排比例（%）	2020 年重点工程减排量（万吨）
广西	71.1	1.0	0.35
海南	18.8	1.2	0.16
重庆	38.0	7.4	2.36
四川	118.6	12.8	14.09
贵州	31.8	8.5	2.77
云南	51.0	14.1	5.85
西藏	2.9	—	—
陕西	48.9	10.0	2.63
甘肃	36.6	8.2	2.40
青海	10.4	1.1	0.07
宁夏	21.1	1.2	0.10
新疆	56.0	1.6	0.71
新疆生产建设兵团	10.0	1.6	0.04

注:2020 年减排比例根据各地区地表水质量改善任务确定,重点工程减排量根据“十三五”规划纲要、《水污染防治行动计划》及相关规划提出的环境治理保护重点工程确定。

“十三五”各地区氨氮排放总量控制计划　　附表 4

地　区	2015 年排放量（万吨）	2020 年减排比例（%）	2020 年重点工程减排量（万吨）
北京	1.6	16.1	0.24
天津	2.4	16.1	0.38
河北	9.7	20.0	1.59
山西	5.0	18.0	0.61
内蒙古	4.7	7.0	0.28
辽宁	9.6	8.8	0.85
吉林	5.1	6.4	0.20
黑龙江	8.1	7.0	0.48
上海	4.3	13.4	0.53
江苏	13.8	13.4	1.25
浙江	9.8	17.6	0.85
安徽	9.7	14.3	1.07
福建	8.5	3.5	0.30
江西	8.5	3.8	0.32
山东	15.3	13.4	1.49
河南	13.4	16.6	1.93

续上表

地　　区	2015 年排放量（万吨）	2020 年减排比例（%）	2020 年重点工程减排量（万吨）
湖北	11.4	10.2	1.02
湖南	15.1	10.1	1.41
广东	20.0	11.3	1.54
广西	7.7	1.0	0.08
海南	2.1	1.9	0.04
重庆	5.0	6.3	0.32
四川	13.1	13.9	1.74
贵州	3.6	11.2	0.41
云南	5.5	12.9	0.67
西藏	0.3	—	—
陕西	5.6	10.0	0.38
甘肃	3.7	8.0	0.28
青海	1.0	1.4	0.01
宁夏	1.6	0.7	0.01
新疆	4.0	2.8	0.09
新疆生产建设兵团	0.5	2.8	—

注:2020 年减排比例根据各地区地表水质量改善任务确定,重点工程减排量根据“十三五”规划纲要、《水污染防治行动计划》及相关规划提出的环境治理保护重点工程确定。

“十三五”各地区二氧化硫排放总量控制计划　　附表 5

地　　区	2015 年排放量（万吨）	2020 年减排比例（%）	2020 年重点工程减排量（万吨）
北京	7.1	35	1.8
天津	18.6	25	2.8
河北	110.8	28	18.4
山西	112.1	20	22.4
内蒙古	123.1	11	13.5
辽宁	96.9	20	14.4
吉林	36.3	18	5.2
黑龙江	45.6	11	4.3
上海	17.1	20	3.4
江苏	83.5	20	13.3
浙江	53.8	17	9.1
安徽	48.0	16	5.2
福建	33.8	—	3.5

续上表

地　区	2015 年排放量（万吨）	2020 年减排比例（%）	2020 年重点工程减排量（万吨）
江西	52.8	12	6.3
山东	152.6	27	35.0
河南	114.4	28	20.5
湖北	55.1	20	10.9
湖南	59.6	21	8.5
广东	67.8	3	2.0
广西	42.1	13	4.5
海南	3.2	—	0.4
重庆	49.6	18	8.1
四川	71.8	16	11.2
贵州	85.3	7	6.0
云南	58.4	1	0.6
西藏	0.5	—	—
陕西	73.5	15	11.0
甘肃	57.1	8	4.6
青海	15.1	6	0.9
宁夏	35.8	12	4.3
新疆	66.8	3	2.0
新疆生产建设兵团	11.0	13	0.9

注:2020 年减排比例根据各地区空气质量改善任务确定,重点工程减排量根据“十三五”规划纲要、《大气污染防治行动计划》及相关规划提出的环境治理保护重点工程确定。

“十三五”各地区氮氧化物排放总量控制计划　　附表 6

地　区	2015 年排放量（万吨）	2020 年减排比例（%）	2020 年重点工程减排量（万吨）
北京	13.8	25	0.7
天津	24.7	25	3.5
河北	135.1	28	19.9
山西	93.1	20	16.3
内蒙古	113.9	11	12.5
辽宁	82.8	20	14.9
吉林	50.2	18	9.0
黑龙江	64.5	11	7.1
上海	30.1	20	5.2
江苏	106.8	20	18.7

续上表

地　区	2015 年排放量（万吨）	2020 年减排比例（%）	2020 年重点工程减排量（万吨）
浙江	60.7	17	10.3
安徽	72.1	16	9.0
福建	37.9	—	4.6
江西	49.3	12	5.9
山东	142.4	27	31.0
河南	126.2	28	15.8
湖北	51.5	20	5.9
湖南	49.7	15	6.3
广东	99.7	3	3.0
广西	37.3	13	3.3
海南	9.0	—	1.2
重庆	32.1	18	2.8
四川	53.4	16	3.7
贵州	41.9	7	2.9
云南	44.9	1	0.4
西藏	5.3	—	—
陕西	62.7	15	9.4
甘肃	38.7	8	3.1
青海	11.8	6	0.7
宁夏	36.8	12	4.4
新疆	63.7	3	1.9
新疆生产建设兵团	9.9	13	1.3

注:2020 年减排比例根据各地区空气质量改善任务确定,重点工程减排量根据“十三五”规划纲要、《大气污染防治行动计划》及相关规划提出的环境治理保护重点工程确定。

“十三五”重点地区挥发性有机物排放总量控制计划　　附表 7

地　区	2015 年排放量（万吨）	2020 年减排比例（%）	2020 年重点工程减排量（万吨）
北京	23.4	25	3.5
天津	33.9	20	4.6
河北	154.6	20	19.5
辽宁	105.4	10	10.5
上海	42.1	20	8.4
江苏	187.0	20	31.2
浙江	139.2	20	25.5

续上表

地　区	2015年排放量（万吨）	2020年减排比例（%）	2020年重点工程减排量（万吨）
安徽	95.9	10	9.2
山东	192.1	20	38.4
河南	167.5	10	16.6
湖北	98.7	10	9.9
湖南	98.3	10	7.9
广东	137.8	18	20.7
重庆	40.2	10	4.0
四川	111.3	5	5.6
陕西	67.5	5	3.4

注:“十三五”期间主要推进石化、化工、包装印刷和工业涂装等重点行业挥发性有机物减排,相关指标根据重点行业减排潜力、环境质量改善需求等因素分解落实到各有关省份。

附录 B　公共建筑节能改造政策及通知

B.1　“十三五”节能减排综合工作方案

B.2　国务院办公厅关于加强节能标准化工作的意见(国办发〔2015〕16 号)

参 考 文 献

[1] 仇保兴. 实施生态城战略三要素[J]. 中国建设信息化,2010(7):6-15.
[2] 清华大学建筑节能研究中心. 中国建筑节能年度发展研究报告 2012[R]. 北京:中国建筑工业出版社,2012.
[3] 孙高峰. 论促进我国建筑节能发展的政策体系[J]. 资源与产业,2007(3):106-108.
[4] 瞿焱,尚建兵. 资源战略下建筑节能的政策支撑体系研究[J]. 建筑经济,2010(3):111-114.
[5] 丰艳萍. 既有公共建筑节能激励政策研究[D]. 北京:北京交通大学,2011.
[6] 龙惟定. 建筑能耗比例与建筑节能目标[J]. 中国能源,2005,27(10):23-27.
[7] 杨玉兰,李百战,姚润明. 政策法规对建筑节能的作用——欧盟经验参考[J]. 暖通空调,2007,37(4):52-56.
[8] 江亿,彭琛,燕达. 中国建筑节能的技术路线图[J]. 建设科技,2012(17):12-19.
[9] 范亚明,李兴友,付祥钊. 建筑节能途径和实施措施综述[J]. 土木建筑与环境工程,2004,26(5):82-85.
[10] 高坤云. 浅谈建筑节能及其途径[J]. 工程与建设,2006,20(4):343-344.
[11] 李雪平. 寒冷地区农村住宅建筑的节能设计探讨[J]. 安徽农业科学,2010,38(9):4899-4900.
[12] 王雪梅,吴醒龙. 科技部节能示范楼的节能效果分析[J]. 建筑技术,2009,40(4):301-303.
[13] 王亚冬,李凤栩. 节能理念在清华环境能源楼的应用[C]//全国智能建筑技术交流会. 2007.
[14] 朱颖心. 绿色建筑评价的误区与反思——探索适合中国国情的绿色建筑评价之路[J]. 建设科技,2009(14):36-38.
[15] 江亿,魏庆芃,杨秀. 以数据说话——科学发展建筑节能[J]. 建设科技,2009(7):20-24.
[16] 何琼. 我国建筑节能若干问题及思考[J]. 工程设计与研究,2009(1):25-29.
[17] 叶水泉. 低碳建筑技术思考与实践[J]. 发电与空调,2010,12(4):1-5.
[18] 江亿,燕达. 什么是真正的建筑节能?[J]. 建设科技,2011(11):15-23.
[19] Peng C, Yan D, Wu R, et al. Quantitative description and simulation of human behavior in residential buildings[J]. Building Simulation,2012,5(2):85-94.
[20] 芮隽,汪霄. 既有大型公建节能改造中的进化博弈论分析[J]. 生态经济,2010(5):150-153.
[21] 孙晓冰. 新农村建筑节能法律政策研究[J]. 中国人口. 资源与环境,2013(2):444-447.
[22] 王鹏. 既有公共建筑节能改造措施的经济性分析[J]. 建筑经济,2013(06):78-80.
[23] 马兴能,郭汉丁,尚伶. 基于外部性的既有建筑节能改造业主进化博弈行为分析[J]. 工程管理学报,2011,25(6):644-648.
[24] 颜浩. 节能建筑的经营与合同能源管理[J]. 建筑节能,2007,35(6):1-4.
[25] 陈海波,王凡. 基于能耗分项计量数据的大型公建节能诊断方法及典型案例[J]. 建筑科学,2011,27(4):26-29.
[26] 孙金颖,刘长滨,尹波,等. 建筑节能市场增量投资产生分析[J]. 建筑经济,2009(1):51-54.
[27] 窦彬. 欧美合同能源管理实践与启示[J]. 杭州科技,2007(4):62-63.
[28] 韩丽红. 基于市场机制的建筑节能对策研究[D]. 北京:中国地质大学(北京),2008.
[29] 张琦. 既有建筑节能改造管理研究[D]. 天津:天津大学,2010.
[30] 李菁,马彦琳,梁晓群. 既有建筑节能改造的融资障碍及对策研究[J]. 建筑经济,2007(12):37-40.
[31] 李红兵,韩昕林. 住宅产业化发展的系统动力学分析[J]. 统计与决策,2012(11):72-74.
[32] 方明露. 我国既有建筑绿色节能改造的效益分析及政策建议[D]. 哈尔滨:哈尔滨工业大学,2013.
[33] 刘桦,李亮亮. 居住建筑的合同能源管理[J]. 城市问题,2012(2):85-89.

[34] 徐选才. 既有建筑节能改造工作中应注意的问题[J]. 工程质量,2007(10):1-2.

[35] 清华大学建筑节能研究中心. 中国建筑节能年度发展研究报告2014[R]. 中国建筑工业出版社. 2014:43-48.

[36] G A Florides, S A Tassou, S A Kalogirou, et al. Measures used to lower building energy consumption and their cost effectiveness[J]. Applied Energy,2002,73(3/4):299-328.

[37] D H W Li, J C Lam, S L Wong. Daylighting and its effects on peak load determi-nation[J]. Energy,2005,30(3):1817-1818.

[38] 张雯. 居住建筑外窗的节能设计研究——以杭州地区为例[D]. 杭州:浙江大学. 2003.

[39] 孙洪波. 夏热冬冷地区居住建筑单元西山墙遮阳隔热设计[J]. 工业建筑,2004,34(5):24-26,29.

[40] 范亚明,李兴友,付祥钊. 建筑节能途径和实施措施综述[J]. 重庆建筑大学学报. 2004.

[41] 向东. 积极采用新能源实现我国建筑能源转换[J]. 四川建筑科学研究,2006,32(4):181-183.

[42] 方建邦,刘伟. 苏北地区既有公共建筑节能改造集成技术研究[J]. 工业建筑,2010,40(3):34-36.

[43] 潘毅群,殷荣欣,楼振飞. 上海10幢大型公共建筑节能状况调研[J]. 暖通空调. 2010,40(6):152-156.

[44] S Karatasou, M. Santmouris, V. Gems. Modelingandpredietingbuilding's energy use with artificial neural networks:Methods and results[J]. Energy and Buildings,2006(38):949-958.

[45] Abdullatif E Ben-Nakhi, MohamedA. Mahmoud. Energy conservation in buildings through efficient A/C control using neural networks[J]. Applied Energy, 2002(5):23.

[46] 吉琳娜. 建筑节能技术选择及其政策研究[D]. 西安:西安建筑科技大学,2008.

[47] 董重成. 建筑节能技术发展及目标[J]. 低温建筑技术,20170(4):115-118.

[48] 吕进,杨茉,郑东林,等. 上海某区域建筑群节能低碳综合改造调研分析[J]. 建筑节能,2018(6):73-78.

[49] 邹瑜,郎四维,徐伟,等. 中国建筑节能标准发展历程及展望[J]. 建筑科学,2016(12):1-5,12.

[50] 龙惟定. 对建筑节能2.0的思考[J]. 暖通空调,2016(8):1-12.

[51] 王敏炯,张东海. 建筑节能施工技术的研究[J]. 科技与创新,2015(20):151,153.

[52] 石俊,魏平,魏昶宇. 大型公共建筑的综合节能[J]. 价值工程,2018(26):148-150.

[53] 王昌运,曾细尧,徐微. 建筑节能推广复杂性分析与管理研究[J]. 工程管理学报,2016(3):94-98.

[54] 吕建国,李永平. 国外建筑节能经验对我国建筑节能工作的启示[J]. 绿色建筑,2013(1):38-39.

[55] 季媛媛,管永丽. 光伏在欧洲建筑节能中的应用[J]. 电力需求侧管理,2016(4):61-64.

[56] 郭猛. 浅谈中国建筑节能发展趋势[J]. 建筑节能,2013(1):74-76.

[57] 涂逢祥. 建筑遮阳是建筑节能的重要手段[J]. 建筑技术,2011(10):875-876.

[58] 张燕雯. 上海地区建筑节能设计中的常见误区[J]. 绿色建筑,2015(6):34-37.

[59] 刘大治. 我国建筑节能法规体系与建筑节能设计[J]. 辽宁工学院学报,2007(6):387-390,403.

[60] 莫世生. 浅析房屋建筑施工中的节能环保技术[J]. 价值工程,2018(25):119-120.

[61] 李桂花. 上海建筑节能服务业融资问题研究[J]. 绿色建筑,2016(3):86-88.

[62] 伍红民,郭汉丁,李柏桐. 既有建筑节能改造市场的政府治理研究综述[J]. 土木工程与管理学报,2018(4):175-181.

[63] Weighting indicators of building energy efficiency assessment taking account of experts' priority[J]. 中南大学学报(英文版),2012(3):803-808.

[64] Promote Green Building, Facilitate Energy Efficiency and Emissions Reduction, and Improve Habitat Environment[J]. 中国科学院院刊:英文版,2011(4):275-278.

[65] Qin xuan, Guo yanhong. Economic Incentive Policy in Building Energy Efficiency Market[C]//CRIOCM 2009 International Symposium on Advancement of Construction Management and Real Estate. 2009:85-90.

[66] 陈华,李慧玲. 中国住宅建筑能耗评估标准比较[J]. 东南大学学报,2010(2):151-155.

[67] Jing MA,Wei Wang. Building Energy Efficiency and Renewable Energy Applica-tion[C]//2010 中国可再生能源科技发展大会论文集. 2010:463-465.

[68] Feng Shi,Yaowu Wang,Hui Yan. Research on the Building Energy Efficiency Based on Knowledge Management in Enterprises[C]//2010 International Conference on Construction & Real Estate Management,2010:219-223.

[69] Assessing dynamic efficiency of air curtain in reducing whole building annual energy usage[J]. 建筑模拟(英文版),2017(4):497-507.

[70] Analysis of Energy Saving Reconstruction of Existing Campus Dormitories in Chongqing—Taking Dormitory Six on Campus B of Chongqing University as An Example[J]. 哈尔滨工业大学学报(英文版),2014(4):96-102.

[71] 李洪砚,袁苗. 公共建筑通风空调系统节能改造研究[J]. 价值工程,2018(19):159-160.

[72] 王兰体,于兵,李曾,等. 办公建筑节能改造综合解决方案的评估模型研究——以寒冷地区为例[J]. 建筑经济,2018(5):105-110.

[73] 张乐,房涛. 公共建筑节能改造的研究及实例分析[J]. 建筑节能,2018,(3):135-138.

[74] 李柏桐,郭汉丁,伍红民. 基于既有建筑节能改造市场外部性的 ESCO 策略研究[J]. 项目管理技术,2018(1):14-18.

[75] 闫一莹,郭全,李程萌,等. 北方既有公共建筑节能改造实践与分析[J]. 暖通空调,2017(12):65-69.

[76] 苏云辉,陈宁,孔维亮,等. 新疆地区某既有建筑节能改造测评研究[J]. 施工技术,2017(16):125-128.

[77] 高健. 高层建筑节能改造技术方案探讨[J]. 建材与装饰,2018(36):105.

[78] 郑悦红,郭汉丁,陈思敏, 等. 国内外既有建筑节能改造融资理论与实践研究动态[J]. 建筑节能,2017(10):107-110,131.

[79] 董孟能,何丹,廖袖锋. 重庆市某既有国家机关办公建筑节能改造措施及实效[J]. 暖通空调,2014(8):65-69.

[80] 国中华. 公共建筑与居住建筑的节能改造研究[J]. 黑龙江科学,2017(18):68-69.

[81] 李建忠. 既有建筑围护结构节能改造技术及经济分析[J]. 铁道标准设计,2011(7):121-124.

[82] 李哲,辛连军. 既有建筑物的节能改造势在必行[J]. 长春工业大学学报(自然科学版),2007,(z1):18-19.

[83] 方宇东. 居住建筑节能综合改造关键技术与实施措施分析[J]. 佳木斯职业学院学报,2018(5):480-481.

[84] 田伟,李瑞杰,周志仁. 上海医院建筑节能改造案例分析[J]. 建筑科学,2011(4):109-114.

[85] 刘宇坤,常腾原,邓小鹏. 宾馆建筑外围护结构节能改造方向及效果分析——以无锡为例[J]. 建筑经济,2016(9):88-91.

[86] 杨友,杨修明,杨丽莉,等. 重庆市宾馆饭店建筑节能改造措施及节能率分析[J]. 建筑工程技术与设计,2018(9):3928-3929.

[87] 张英. 公共建筑照明节能改造策略[J]. 建筑工程技术与设计,2018(1):1514.

[88] 张姝,张希浩. 严寒地区既有居住建筑节能改造策略研究[J]. 应用科技,2017(4):82-86.

[89] 魏兴,杨彩霞,李晓萍,等. 低碳背景下“十三五”中国既有公共建筑节能绿色化改造路线图研究[J]. 建筑节能,2017(12):121-123.

[90] 陈文,李震,魏林滨,等. 济南市公共建筑节能改造能耗调查与案例分析[J]. 建设科技,2016(9):27-29,34.

[91] 李志斌,钱霞. 大型公共建筑节能改造措施和效果分析[J]. 建筑节能,2009(6):67-69.

[92] 梁昌祝,廖袖锋. 重庆市既有公共建筑节能改造工作进展综述[J]. 暖通空调,2014(6):61-64.

[93] 刘转梅,党开航,党开春.大型公共建筑外窗节能改造技术探讨[J].粉煤灰综合利用,2011(4):39-40.

[94] 季翔.江苏寒冷地区既有公共建筑的节能改造[J].工业建筑,2013(6):138-140,156.

[95] 辛志宇.利用市场化机制推进既有公共建筑节能改造[J].节能,2018(6):3-5.

[96] 叶雁冰.我国既有公共建筑的节能改造研究[J].工业建筑,2006(1):5-7.

[97] 王新,续振艳,陈涛.我国大型公共建筑节能改造 EPC 模式选择研究[J].建筑节能,2011(1):76-80.

[98] 沈旸,许鹏,沙华晶.常见建筑节能改造技术用于既有公共建筑的效能分析[J].暖通空调,2013(2):104-109.

[99] 邓志坚,汪霄,王伟.基于合同能源管理的公共建筑节能改造的激励机制分析[J].工程管理学报,2011(1):37-40.

[100] 刘辉.既有公共建筑内部空间改造的节能方法研究[J].广州建筑,2013,(5):43-45.

[101] 常泓溪,董苑苑,叶健飞,等.建筑能源审计在公共建筑节能改造中的作用[J].城市建设理论研究(电子版),2013,(19).

[102] 侯文峻,王灌日,张社蚕.中德技术合作公共建筑节能示范项目——天津市朱唐庄中学教学楼节能改造[J].建设科技,2013(13):38-40.

[103] 张小东,李巍.某大型公共建筑的能耗分析及对策[J].节能技术,2013,(4):335-339,344.

[104] 邢华伟,吴小玲,黄涛.广州因地制宜加快公共建筑绿色节能改造[J].墙材革新与建筑节能,2015(12):56-59.